ISBN-13: 978-1984269034

ISBN-10: 1984269038

Máquinas de Elevación y Transporte

Equipos, componentes, cálculos y proyectos

Ing. Miguel D'Addario

Primera edición
Comunidad Europea
2018

Índice

Introducción

Ingeniería de elevación

La ingeniería de elevación es la rama de la ingeniería que estudia, diseña y ejecuta las maniobras necesarias para la elevación y posicionamiento de cargas. Se suele reservar este término para cargas de especial dificultad en su posicionamiento, por su peso, dimensiones u otras circunstancias.

Este término proviene del inglés lifting engineering, empleado habitualmente como sinónimo de Heavy lifting (izado pesado). En castellano se emplea el término SAED (Sistemas Alternativos de Elevación y Desplazamiento) para describir estas maniobras que pueden considerarse especiales.

Las maniobras especiales aparecen como complemento de las que se podría llamar maniobras estándar; es decir, el empleo de grúas de cualquier tipo, sin necesidad de desarrollar un estudio o procedimiento específico de maniobra.

Es erróneo el concepto de que maniobra especial es toda aquella que no se hace con una grúa. En ocasiones se puede incluir en el concepto de maniobra especial a aquellas que requieren del empleo de grúas.

Determinación de factores que justifiquen la ingeniería de elevación

Factores

Dentro de los factores técnicos se encuentra, como primero y más básico, la imposibilidad de emplear medios estándar. En ocasiones, las cargas son tan elevadas que no hay disponible maquinaria estándar que permita realizar los movimientos, y hay que diseñar equipos a medida.

También es posible que sea necesaria una precisión elevada en los movimientos. En este aspecto destaca el empleo de gatos de cable monitorizados en tiempo real (precisión del orden del milímetro).

Determinadas piezas a mover son especialmente delicadas o presentan particularidades en su comportamiento estructural, que obligan al desarrollo de una maniobra especial.

Otras veces es la zona de trabajo la que requiere el desarrollo de estas maniobras, bien por no disponer de espacio para emplazar medios estándar (en el interior de edificios, por ejemplo), bien porque la capacidad portante del terreno sea baja, etc.

Los factores técnicos pueden resumirse en:

· Movimiento de grandes cargas.

· Requerida elevada precisión en el ajuste de la pieza.

· Particularidades de la pieza.

· Particularidades de la zona de trabajo (interferencias, obstáculos, capacidad portante del terreno).

· Otros factores técnicos menos frecuentes (temperatura de la zona de trabajo, climatología, presencia de mareas; tiempo disponible, como por ejemplo en una línea férrea en explotación, etc.).

Factores económicos

Las maniobras realizadas por ingeniería de elevación no suelen ser "competencia" de las maniobras estándar, por factores económicos. Realmente ambos procedimientos de trabajo se complementan.

En cualquier caso, la teoría de que "si se puede hacer con medios estándar, es más económico con medios estándar", no siempre es correcta, y su aplicación ciega puede dar lugar a cometer importantes errores. En unas ocasiones serán más económicas las maniobras especiales y en otras las estándar.

Por ejemplo, si se desea montar un solo reactor petroquímico muy pesado, el montaje con mástiles de izado y gatos de cable compite directamente con el montaje mediante grúas. Incluso menores pesos también pueden competir económicamente.

Si en lugar de uno, son más reactores, es más probable que resulte favorable el empleo de grúas.

Como resumen, podemos afirmar que, para tomar una decisión correcta deben analizarse todas las opciones, sin prejuicios o sesgos que puedan provocar errores en la toma de decisiones.

Factores relacionados con la seguridad

El tratamiento de la seguridad, como factor que decanta la decisión de realizar una maniobra especial, requiere una adecuada atención. En teoría, ambos procedimientos (el estándar y el especial), si se hacen bien, deben ser seguros. Del mismo modo, ambos procedimientos presentan sus riesgos.

Por tanto, ninguno de estos procedimientos es intrínsecamente seguro o inseguro. Serán factores externos de seguridad los que habitualmente influyan en la decisión y harán más adecuado un procedimiento u otro.

Lo verdaderamente importante en ambos casos es que, tanto si la maniobra es estándar como si es una maniobra especial, el contratista deberá ser solvente desde este punto de vista.

Suele ayudar que los equipos sean modernos, y en todos los casos deberá exigírsele la certificación, por entidades externas, de sus equipos críticos (gatos de cable normalmente).

Grúa (máquina)

Una grúa es una máquina destinada a elevar y distribuir cargas en el espacio suspendidas de un gancho.

Por regla general son ingenios que cuentan con poleas acanaladas, contrapesos, mecanismos simples, etc. para crear ventaja mecánica y lograr mover grandes cargas.

Las primeras grúas fueron inventadas en la antigua Grecia, accionadas por hombres o animales. Estas grúas eran utilizadas principalmente para la construcción de edificios altos. Posteriormente, fueron desarrollándose grúas más grandes utilizando poleas para permitir la elevación de mayores pesos.

En la Alta Edad Media fueron utilizadas en los puertos y astilleros para la estiba y construcción de los barcos. Algunas de ellas fueron construidas ancladas a torres de piedra para dar estabilidad adicional. Las primeras grúas se construyeron de madera, pero desde la llegada de la revolución industrial los materiales más utilizados son el hierro fundido y el acero.

La primera energía mecánica fue proporcionada por máquinas de vapor en el s. XVIII. Las grúas modernas utilizan generalmente los motores de combustión interna o los sistemas de motor eléctrico e hidráulicos para proporcionar fuerzas mucho mayores, aunque las grúas manuales todavía se utilizan en los pequeños trabajos o donde es poco rentable disponer de energía.

Existen muchos tipos de grúas diferentes, cada una adaptada a un propósito específico. Los tamaños se extienden desde las más pequeñas grúas de horca, usadas en el interior de los talleres, grúas torres, usadas para construir edificios altos, hasta las grúas flotantes, usadas para construir aparejos de aceite y para rescatar barcos encallados.

También existen máquinas que no caben en la definición exacta de una grúa, pero se conocen generalmente como tales.

Historia

La grúa es la "evolución" del puntal de carga que, desde la antigüedad, se ha venido utilizando para realizar diversas tareas. Aunque sus fundamentos fueron propuestos por Blaise Pascal en pleno Barroco, fue patentada por Luz Nadina. Existen documentos antiguos donde se evidencia el uso de máquinas semejantes a grúas por los Sumerios y Caldeos, transmitiendo estos conocimientos a los egipcios.

Grúas en la Antigua Grecia

Los primeros vestigios del uso de las grúas aparecen en la Antigua Grecia alrededor del s. VI a. C. Se trata de marcas de pinzas de hierro en los bloques de piedra de los templos. Se evidencia en estas marcas (cortes distintivos c.515) su propósito para la elevación ya que están realizadas en el centro de gravedad o en pares equidistantes de un punto sobre el centro de gravedad de los bloques.

La introducción del torno y la polea pronto conduce a un reemplazo extenso de rampas como los medios principales del movimiento vertical. Por los siguientes doscientos años, los edificios griegos contemplan un manejo de los pesos más livianos, pues la nueva técnica de elevación permitió la carga de muchas piedras más pequeñas por ser más práctico, que pocas piedras más grandes. Contrastando con el período arcaico y su tendencia a los tamaños de bloque cada vez mayores, los templos griegos de la edad clásica como el Partenón ofrecieron invariable cantidad de bloques de piedra que podían ser usados para cargar no menos de 15-20 toneladas. También, la práctica de erigir grandes columnas monolíticas fue abandonada prácticamente para luego usar varias ruedas que conforman la columna.

Aunque las circunstancias exactas del cambio de la rampa a la tecnología de la grúa siguen siendo confusas, se ha discutido que las condiciones sociales y políticas volátiles de Grecia hacían más convenientes al empleo de los equipos pequeños para los profesionales de la construcción que de los instrumentos grandes para el trabajo de inexpertos, haciendo la grúa preferible a los polis griegos que la rampa que requería mucho trabajo, esta había sido la norma en las sociedades autocráticas de Egipto y Asiria.

La primera evidencia literaria inequívoca para avalar la existencia del sistema compuesto de poleas aparece en los ejercicios mecánicos (Mech. 18, 853a32-853b13) atribuido a Aristóteles (384-322), pero quizás elaborado en una fecha poco posterior. Alrededor del mismo siglo, los tamaños de bloque en los templos griegos comenzaron a parecerse a sus precursores arcaicos otra vez, indicando que se debe haber encontrado la forma de usar polea compuesta más sofisticada en las obras griegas más avanzadas para entonces.

Grúas de la antigua Roma

El apogeo de la grúa en épocas antiguas llegó antes del Imperio Romano, cuando se incrementó el trabajo de construcción en edificios que alcanzaron dimensiones enormes. Los romanos adoptaron la grúa griega y la desarrollaron.

La grúa romana más simple, el Trispastos, consistió en una horca de una sola viga, un torno, una cuerda, y un bloque que contenía tres poleas. Teniendo así una ventaja mecánica de 3:1, se ha calculado que un solo hombre que trabajaba con el torno podría levantar 150 kilogramos (3 poleas × 50 kg = 150 kg), si se asume que 50 kilogramos representan el esfuerzo máximo que un hombre puede ejercer sobre un período más largo. Tipos más pesados de grúa ofrecieron cinco poleas (Pentaspastos) o, en el caso más grande, un sistema de tres por cinco poleas (Polispastos) con dos, tres o cuatro mástiles, dependiendo de la carga máxima. El Polispastos, cuando era operado por cuatro hombres en ambos lados del torno, podría levantar hasta 3000 kg (3 cuerdas × 5 poleas × 4 hombres × 50 kg = 3000 kg). En caso de que el torno fuera substituido por un acoplamiento, la carga máxima incluso dobló a 6000 kg con solamente la mitad del equipo, puesto que el acoplamiento posee una ventaja mecánica mucho más grande debido a su diámetro más grande. Esto significó que, con respecto a la construcción de las pirámides egipcias, donde eran necesarios cerca de 50 hombres para mover un bloque de piedra de 2,5 toneladas por encima de la rampa (50 kg por personas), la capacidad de elevación del Polispastos romano demostró ser 60 veces más alta (3000 kg por persona).

Sin embargo, los edificios romanos ofrecen numerosos bloques de piedra mucho más pesados que ésos.

Dirigidos por el Polispastos indican que la capacidad de elevación total de los Romanos iba mucho más allá que la de cualquier grúa sola.

En el templo de Júpiter en Baalbek, los bloques pesan hasta 60 t cada uno, y las cornisas de la esquina bloquean incluso sobre 100 t, todas levantadas a una altura de 19 m sobre la tierra.

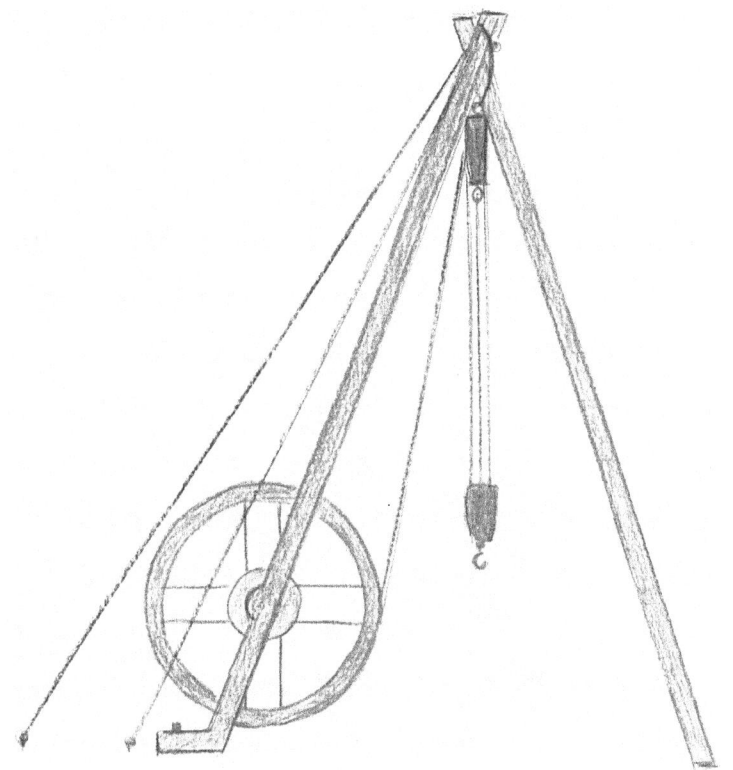

En Roma, el bloque capital de la columna Trajana pesa 53,3 toneladas que tuvieron que ser levantadas a una altura de 34 m.

Se asume que los ingenieros romanos lograron la elevación de estos pesos extraordinarios por dos medios: primero, según lo sugerido por Herón, una torre de elevación fue instalada, cuatro mástiles fueron arreglados en la forma de un cuadrilátero con los lados paralelos, no muy diferente a una torre, pero con la columna en el medio de la estructura. En segundo lugar, una multiplicidad de cabrestantes fue colocada en la tierra alrededor de la torre, para, aunque tiene un cociente de una palancada más baja que los acoplamientos, el cabrestante se podría instalar en números y funcionamiento más altos por más hombres (y por los animales). Este uso de cabrestantes múltiples también fue descrito por Ammianus Marcellinus (17.4.15) con respecto a la elevación del obelisco de Lateranense en el circo Maximus (ANUNCIO ca. 357). La capacidad de elevación máxima de un solo cabrestante se puede establecer por el número de agujeros del hierro en el monolito. En el caso de los bloques del arquitrabe de Baalbek, que pesan entre 55 y 60 t, ocho agujeros sugieren un peso de 7,5 t por el hierro de las empacaduras, que está por el cabrestante.

La elevación de tales pesos pesados en una acción concertada requirió una gran cantidad de coordinación entre los grupos de trabajo que aplicaban la fuerza a los cabrestantes.

Grúas medievales

La grúa de acoplamientos fue reintroducida en una escala grande después de que la tecnología hubiera caído en desuso en Europa occidental tras la caída del imperio romano occidental. La referencia más cercana a un acoplamiento reaparece en la literatura archivada en Francia cerca del 1225, seguido por una pintura iluminada en un manuscrito probablemente también de origen francés con fecha de 1240. En la navegación, las aplicaciones más cercanas de las grúas de puerto se documentan para Utrecht en 1244, Amberes en 1263, Brujas en 1288 y Hamburgo en 1291, mientras que en Inglaterra el acoplamiento no se registra antes de 1331.

Generalmente, el transporte vertical era más seguro y más barato hecho por las grúas que por otros métodos comunes para la época. Las áreas de puertos, minas, y, particularmente, los edificios en donde la grúa de acoplamientos desempeñó un papel importante en la construcción de las catedrales góticas altas. Sin embargo, las fuentes archivadas e ilustradas del tiempo sugieren que las máquinas fueron nuevamente introducidas como acoplamientos o carretillas, de manera que no substituyeran totalmente los métodos más dependientes de trabajo como escalas, artesas y parihuelas. Algo que es importante mencionar es que la maquinaria vieja y nueva continuó coexistiendo en los emplazamientos de las obras medievales y en los puertos.

Grúa giratoria. Leonardo Da Vinci

Aplicaciones y tipos de grúas

Grúa de obra

Son muy comunes en obras de construcción, puertos, instalaciones industriales y otros lugares donde es necesario trasladar cargas. Existe una gran variedad de grúas, diseñadas conforme a la acción que vayan a desarrollar. Generalmente la primera clasificación que se hace se refiere a grúas móviles y fijas:

Móviles

Pueden ser de los siguientes tipos

- Sobre cadenas u orugas.
- Sobre ruedas o camión.
- Autogrúas, de gran tamaño y situadas convenientemente sobre vehículos especiales.
- Camión grúa.

Fijas

Cambian la movilidad que da la grúa móvil con la capacidad para soportar mayores cargas y conseguir mayores alturas incrementando la estabilidad.

Este tipo se caracteriza por quedar ancladas en el suelo (o al menos su estructura principal) durante el periodo de uso. A pesar de esto algunas pueden ser ensambladas y desensambladas en el lugar de trabajo.

· Grúas puente o grúas pórtico, empleadas en la construcción naval y en los pabellones industriales.

· Grúa Derrick

· Plumines, habitualmente situados en la zona de carga de los camiones.

· Grúa horquilla, carretilla elevadora o montacargas.

·

Grúa Derrick

Tipos de grúa

Grúa torre

La grúa torre es una grúa moderna de balance. Ésta queda unida al suelo (o a alguna estructura anexa). Debido al alcance y a la altura que pueden desarrollar se utilizan mucho en la construcción de estructuras altas. La viga horizontal de celosía se le llama pluma y el pilar vertical se llama torre. Al final de la torre está la corona donde gira la pluma. La pluma tiene unos contrapesos en un extremo para generar el balance y también va cargada en el cimiento para conseguir el momento de empotramiento necesario para funcionar.

Para el correcto funcionamiento de la grúa deben existir controladores de pares de fuerza, de distancia, etc. para no someter a la grúa a mayores tensiones de la necesaria. Para el guiado de la grúa se pueden usar señalitas o comunicación por radio.

El control se puede realizar desde suelo o desde una cabina situada en la punta de la torre.

El gruista debe ser una persona calificada y responsable porque el mal uso de la grúa puede acarrear accidentes muy serios.

El montaje de la grúa suele hacerse con una grúa móvil.

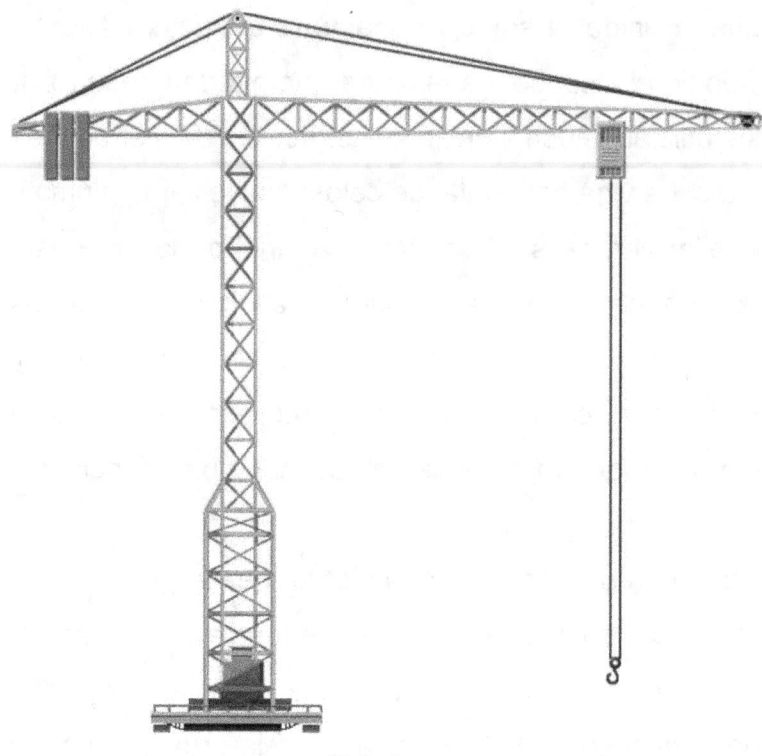

Grúa torre

Grúa auto-desplegable

Son grúas capaces de desmontarse por sí mismas sin necesidad de requerir otra grúa para el montaje.

Son rápidas y más caras que las grúas torre, además su alcance puede ser más limitado que estas.

Grúa auto-desplegable

Grúa telescópica

Una grúa telescópica consiste en muchos tubos que se encuentran uno dentro de otro.

Un sistema hidráulico u otro mecanismo extiende o retrae el sistema hasta la longitud deseada.

Estos tipos de sistemas son usados en operaciones de rescate, en sistemas en barcos.

El sistema compacto hace que la grúa telescópica se adapte fácilmente a aplicaciones móviles.

No todas las grúas telescópicas son fijas, también existen móviles.

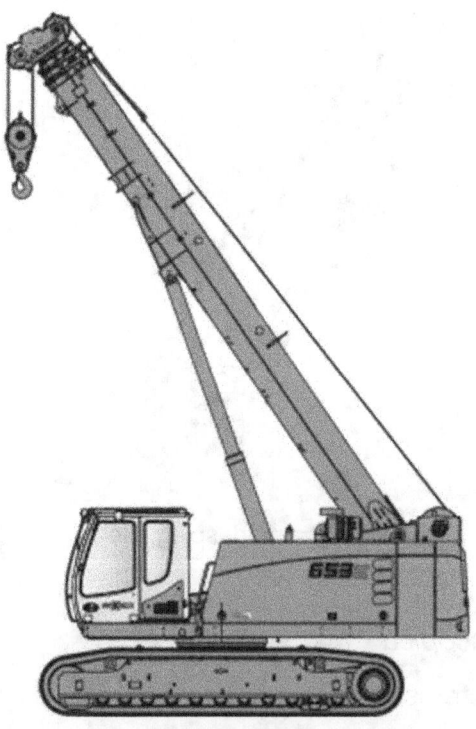

Grúa telescópica

Grúa Luffing o Transtainers

Es una grúa muy utilizada en puertos para el transporte y la estiba de contenedores.

Observaciones

Los operarios de grúas están muy bien remunerados debido a la gran responsabilidad que descansa sobre sus manos, no sólo por el peligro que entraña elevar pesadas cargas sobre personas y bienes, sino por el elevado coste de las máquinas y cargas con las que trabajan.

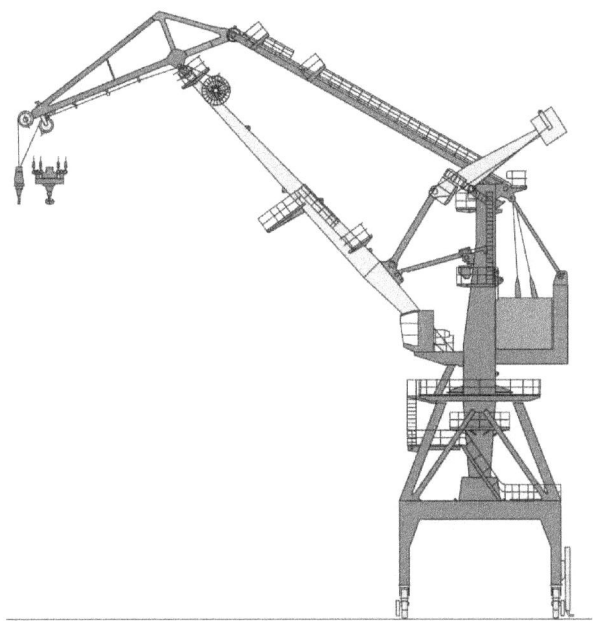

Grúa Luffing o Transtainers

Uno de los principales problemas de una grúa, además de levantar la gran cantidad de peso, reside en mantener el equilibrio.

En numerosas ocasiones el único soporte de la grúa reside en su base, con la que, a través de diversos artilugios, se desplaza el centro de gravedad de la máquina y el peso que sostiene.

Una grúa puede ser hidráulica, lo cual facilita su uso ya que es muy práctica.

Carretilla elevadora o Montacargas

Una carretilla elevadora, grúa horquilla, montacargas o, coloquialmente, toro es un vehículo contrapesado en su parte trasera, que mediante dos horquillas se utiliza para subir y bajar palés.

Historia

El primer prototipo de montacargas fue creado por Waterman en 1851. Se trataba de una plataforma unida a un cable. Este modelo inspiró a Otis a inventar el ascensor, un elevador con un sistema dentado, que permitía amortiguar la caída del mismo en caso de que se cortara su cable.

Nombres en distintos países

Carretilla elevadora, toro o Fenwick (marca comercial), en España.

Montacargas, Mula o Clark (marca comercial), en Argentina.

Grúa horquilla o Yale (marca comercial), en Chile.

Montacargas, en Colombia, Costa Rica, Ecuador, El Salvador, Panamá, México, Venezuela y la República Dominicana.

Montacargas o pato (aludiendo al animal), en Perú.

Forklift truck (en inglés).

Chariot élévateur (en francés).

Gabelstapler (en alemán).

Empilhadeira, (en portugués).

Descripción

Tiene dos barras paralelas planas en su parte frontal, llamadas «horquillas» (a veces, coloquialmente también «uñas»), montadas sobre un soporte unido a un mástil de elevación para la manipulación de las tarimas. Las ruedas traseras son orientables para facilitar la maniobra de conducción y recoger las tarimas o palés.

Es de uso rudo e industrial, y se utiliza en almacenes y tiendas de autoservicio para transportar tarimas o palés con mercancías y acomodarlas en estanterías o racks. Aguanta cargas pesadas que ningún grupo de personas podría soportar por sí misma, y ahorra horas de trabajo pues se traslada un peso considerable de una sola vez en lugar de ir dividiendo el contenido de las tarimas por partes o secciones.

Su uso requiere una cierta capacitación y los gobiernos de distintos países exigen a los negocios que sus empleados tramiten licencias especiales para su manejo.

Características estructurales

Es un vehículo pesado de acero u otro metal, que está elaborados con una plataforma que se desliza por una guía lateral o vertical rígida o bien por dos guías rígidas paralelas.

Tipos de motor

Puede ser movido por distintos tipos de motores:

- Motor diésel.
- Motor eléctrico.

- Motor de combustión interna accionado por GNC (gas natural comprimido) y (gasolina el cual usa carburador de 1 garganta).

- Motor de combustión interna accionado por GLP (gas licuado de petróleo).

Los motores de tipo diésel son sensiblemente más contaminantes, especialmente cuando no dispone de elementos de purificación de partículas. Sin embargo, una carretilla de gas natural comprimido produce combustiones mucho más limpias y posee una autonomía mayor que las eléctricas, el depósito se vuelve a llenar en tres minutos, siempre en función de la cilindrada del motor, del régimen de trabajo y del volumen del depósito de gas comprimido.

Generalmente, estos vehículos no se pueden utilizar en sitios cerrados (como almacenes y centros de distribución, donde las emisiones deben tenerse en cuenta).

Los costes de mantenimiento, por norma general, son mucho más económicos en un vehículo eléctrico, pues existen menos elementos de desgaste como filtros, aceites y correas, por citar algunos. La vida útil de la batería viene dada como norma general a partir de 1500 ciclos de trabajo. Además, las últimas tecnologías en materia de propulsión a partir de motores de accionamiento basados en corrientes alternas trifásicas, minimizan todavía más los costes frente a los tradicionales motores DC.

Seguridad en carretillas elevadoras

Actualmente en el mercado, existen soluciones para reducir riesgos laborales producidos por atropellos con carretillas elevadoras.

Sistemas de detección de peatones

Son sensores de proximidad que detectan objetos y peatones de unos pocos centímetros a varios metros. El sensor hace la diferencia entre una persona y un objeto y alerta al conductor sin alarmas inútiles. Basado en la estereovisión, un algoritmo analiza en tiempo real si una persona está en una zona ciega de la carretilla elevadora.

Radares de ultrasonidos

Los sensores de ultrasonidos son detectores de proximidad que detectan objetos a distancias que van desde pocos centímetros hasta varios metros. El sensor emite un sonido y mide el tiempo que la señal tarda en regresar. No discrimina entre personas y objetos. Cualquier obstáculo detrás de la carretilla será detectado. Normalmente éste tipo de sensores sólo se utiliza para la detección trasera.

Sistemas de radiofrecuencia

Son soluciones que advierten a los conductores de las carretillas cuando detecta personas próximas a la carretilla. Los peatones deben llevar un dispositivo de radiofrecuencia (llaveros electrónicos Tags) que emiten cuando una carretilla les detecta, alertando al conductor del riesgo de atropello. La detección es tanto delantera como trasera y discrimina las personas de los obstáculos habituales en los almacenes. Por éste motivo el conductor solo es alertado cuando hay un peatón cerca de la carretilla. Existen diferentes soluciones en el mercado:

Alerta de peatones PAS
Exigencias legales mínimas
En Argentina, la Ley 19587 de Higiene y Seguridad en el Trabajo (decreto 351/79, capítulo 15, artículo 137) establece las exigencias mínimas de seguridad que requieren los montacargas.

En España, se legisló mediante el Real Decreto 1215/1997.

En México, la legislación sobre montacargas y otros aparatos de carga y cargas manuales están incluidos en la Norma Oficial Mexicana NOM-006-STPS-2000 "Manejo y almacenamiento de materiales. Condiciones y procedimientos de seguridad".

Nomenclatura de montacargas

Existen varios tipos de montacargas.

Se han creado dos tipos de clasificación, que permite clasificarlos de acuerdo con sus características particulares:

Nomenclatura alfa

Letra:

-E

Descripción:

-Es eléctrico, tiene contrapeso y neumáticos.

Se conduce:

-Sentado

-S

-Ahorra espacio, es eléctrico, tiene contrapeso y neumáticos.

-Sentado

-H

-Es eléctrico, tiene contrapeso y neumáticos.

-Sentado

-J

-Es eléctrico, tiene contrapeso y neumáticos.

-Sentado

-R

-Recogedor de órdenes, eléctrico.

-De pie

-N

-Diseñado para pasillos angostos, electrónico.

-De pie

-W

-Es un caminador eléctrico de plataforma.

–

-B

-Es un caminador «montado» y eléctrico.

–

-C

-Es un montado controlado central.

–

-T

-Es un tractor.

—

Otra nomenclatura

Clase 1: vehículo con motor eléctrico, para pasajero, con contrapeso (llantas sólidas o neumáticas).

Clase 2: vehículo de motor eléctrico para pasillo angosto (con llantas sólidas).

Clase 3: vehículo manual con motor eléctrico o para pasajero (con llantas sólidas).

Clase 4: vehículo con motor de combustión interna (llantas sólidas).

Clase 5: vehículo manual con motor eléctrico o para pasajero (llantas neumáticas).

Clase 6: tractor con motor eléctrico o con motor de combustión interna (llantas sólidas o neumáticas).

Clase 7: montacargas para terreno escabroso (llantas neumáticas).

Mantenimiento de carretillas

Existen varios tipos de mantenimiento que se pueden implementar para mantener y prolongar el funcionamiento de los montacargas:

· Mantenimiento preventivo

· Mantenimiento correctivo

· Mantenimiento predictivo

· Mantenimiento programado

· Mantenimiento extraordinario

Para elaborar un plan de mantenimiento, es importante considerar el tipo de carretillas que se emplean y una serie de etapas para su correcta ejecución, como lo son:

· Selección de máquinas que forman parte del mantenimiento,

· Valoración del estado de deterioro,

· Estudio técnico de los montacargas,

· Codificación de las máquinas,

· Definición de parámetros de funcionamiento,

· División de las máquinas en partes, entre otros.

Grúas Torre

Introducción

Historia

Aparecen a finales de los 50.

Cargas de 500 Kg. y altura máxima de 25 metros.

Primeramente, motor a combustión y posteriormente eléctrico.

Se fabricaban en Francia y Alemania.

En España se inician a construir en Cantabria y Guipúzcoa.

Características técnicas

- · Alcance máximo.
- · Altura bajo gancho.
- · Altura autoestable.
- · Carga en punta.
- · Diagrama de cargas.
- · Carga máxima.
- · Carga nominal.
- · Potencia de acometida.

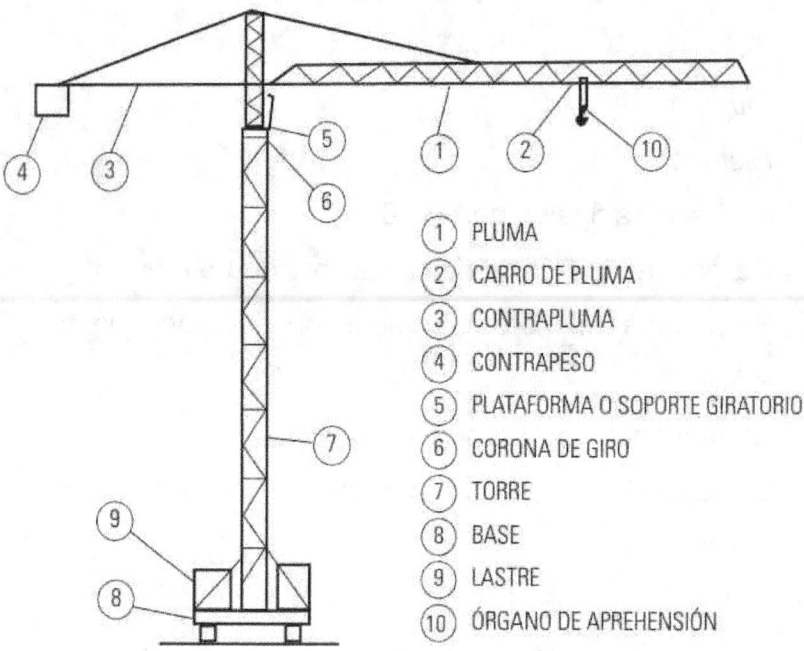

1. PLUMA
2. CARRO DE PLUMA
3. CONTRAPLUMA
4. CONTRAPESO
5. PLATAFORMA O SOPORTE GIRATORIO
6. CORONA DE GIRO
7. TORRE
8. BASE
9. LASTRE
10. ÓRGANO DE APREHENSIÓN

Partes de una Grúa torre

Sus partes son:

- Mástil.
- Flecha.
- Contraflecha.
- Contrapesos.
- Carro.
- Cables y ganchos.
- Motores.

Flecha pluma

Es una estructura de celosía metálica de sección normalmente triangular, cuya principal misión es dotar a la grúa del radio o alcance necesario.

Su forma y dimensión varía según las características necesarias de peso y longitud.

También se le suele llamar pluma.

Contraflecha

La longitud de la contraflecha oscila entre el 30 y el 35 % de la longitud de la pluma.

Al final de la contraflecha se colocan los contrapesos.

Esta unido al mástil en la zona opuesta a la unión con la flecha.

Contrapesos

Son estructuras de hormigón prefabricado que se colocar para estabilizar el peso y la inercia que se produce en la flecha grúa.

Deben estabilizar la grúa tanto en reposo como en funcionamiento.

Carro

Consiste en un carro que se mueve a lo largo de la flecha a través de unos carriles.

Este movimiento da la maniobrabilidad necesaria en la grúa.

Es metálico de forma que soporte el peso a levantar.

Cables de trabajo

Existen varios tipos:

Cable de elevación, tiene que soportar los esfuerzos de las cargas.

Cable de distribución, que desplaza el carro a lo largo de la pluma.

Cables de elevación

El cable de elevación es una de las partes más delicadas de la grúa y, para que dé un rendimiento adecuado, es preciso que sea usado y mantenido correctamente.

Gancho

Elemento que sujeta, sostiene y/o desplaza la carga.

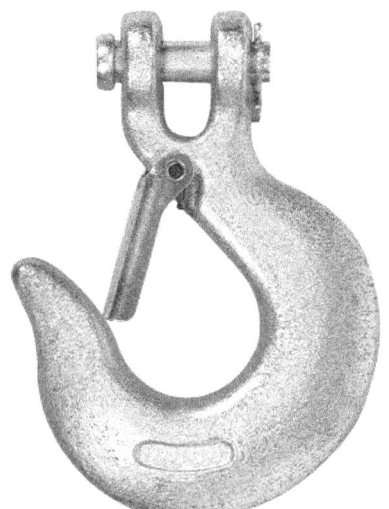

Tirantes

Tirantes de pluma y/o contra flecha

Estos elementos son los que mantienen en posición Horizontal tanto la pluma como la contra pluma, y se encargan de transmitir los esfuerzos de las cargas a la torreta.

Están formados por perfiles redondos de acero o por pasamanos metálicos.

Apoyo cimentación

Base de apoyo de la estructura completa de la Grúa.

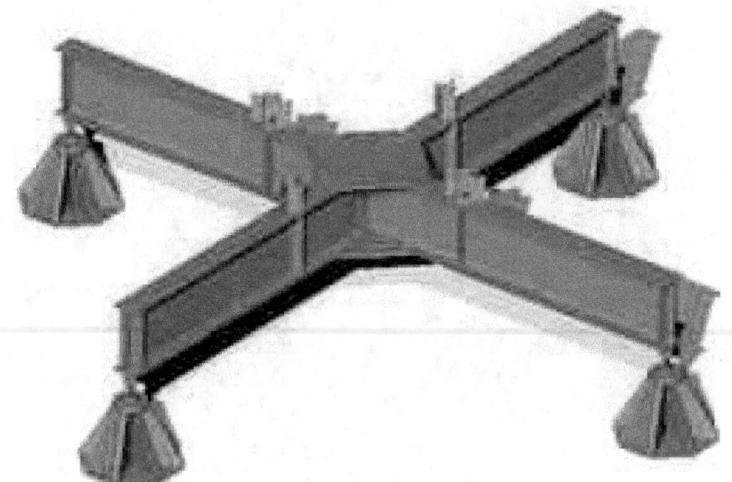

Base de Grúa torre

Movimientos de la grúa torre

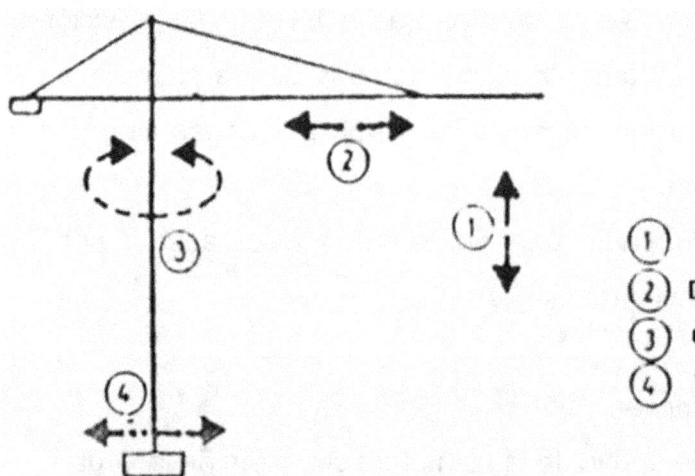

① Elevación
② Distribución
③ Orientación
④ Traslación

Detalle de movimientos

Los cuatro movimientos de una grúa torre, que le permiten llevar la carga a cualquier punto de la obra, siempre que este punto esté comprendido en el cilindro que determinan el área de barrido de la pluma y la altura máxima bajo gancho, se de la pluma y la altura máxima bajo gancho, se logran a partir de otros tantos mecanismos.

Mecanismos grúa torre

- · Mecanismo de elevación
- · Mecanismo de giro
- · Mecanismo de distribución
- · Mecanismo de distribución.

Mecanismo de traslación

- · El cable de acero como mecanismo.
- · Elementos del cable.
- · Tipos de cables.
- · Tambores y poleas de guía para el cable y la pluma.

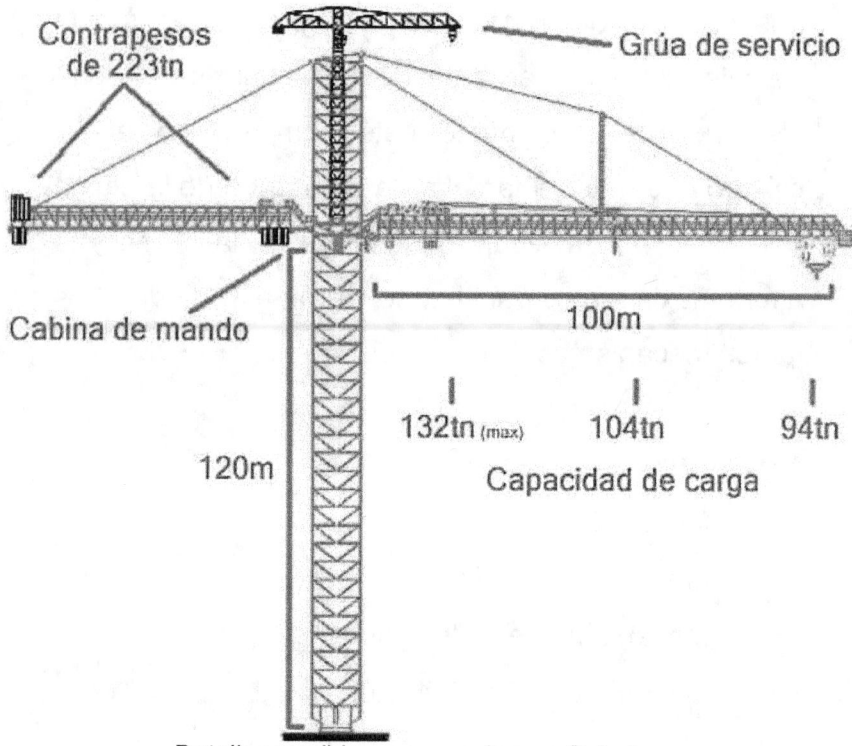

Detalles medidas y pesos de una Grúa torre

Motores

Motor de elevación

Permite el movimiento vertical de la carga.

Motor de distribución

Da el movimiento del carro a lo largo de la pluma.

Motor de Grúa torre

Motor de orientación

Permite el giro de 360°, en el plano horizontal, de la estructura superior de la grúa.

Motor de translación

Desplazamiento de la grúa, en su conjunto, sobre carriles.

Para realizar este movimiento es necesario que la grúa este en reposo.

Mecanismos

Limitadores

Limitador de par

Impide que la grúa levante por encima del momento nominal de la grúa y que pueden producir su vuelco.

Interrumpe, al igual que el anterior, el movimiento de elevación en el sentido de subida, pero además interrumpe el movimiento de distribución en el sentido del avance de carro.

Limitador de carga

Impide que la grúa levante peso por encima de su límite operativo.

Mecanismo de giro

Estos mecanismos están compuestos por los siguientes elementos:

· Motor trifásico de una o varias velocidades.

· Freno electromagnético.

· Reductor de planetarios.

· Piñón de ataque – corona dentada.

Cargas

Es la carga máxima que podemos elevar cuando estamos en la posición de alcance máximo o en punta.

Carga máxima

Es la máxima carga que la grúa puede elevar.

Se soporta en el punto que es la distancia comprendida entre la posición más próxima al mástil y el punto de intersección con la curva de carga útil.

Instalación de la grúa

·   Estudios previos (1 semana).

·   Redacción de documentos (4 semanas).

·   Obtención de permisos y licencias (6 semanas).

·   Acondicionamiento de la parcela (1 semana).

·   Excavaciones y cimentaciones (4 días).

·   Ejecución estructura de acero (4 semanas).

·   Instalación y puesta en servicio (1 día).

Ascensores y Elevadores

Introducción

Un ascensor o elevador, es un sistema de transporte vertical diseñado para movilizar personas y/o bienes entre pisos definidos, que puede ser utilizado ya sea para ascender a un edificio o descender a ascender a un edificio o descender a construcciones subterráneas.

Se conforma con partes mecánicas, eléctricas y electrónicas que funcionan conjuntamente para lograr un medio seguro de movilidad.

Historia

Elevadores movidos por potencia animal desde el siglo III a.C.

A principios del siglo XIX ya se usaban ascensores de vapor.

En 1852 Elisha Otis inventa el primer freno de seguridad para ascensores (paracaídas).

En 1872 la compañía Otis inventó el elevador hidráulico de engranajes, que elevador hidráulico de engranajes, que sustituyó a los de vapor.

Tipos de ascensores

Ascensores a tracción o eléctricos

Funcionan a través de energía eléctrica.

- · Tracción directa.
- · Tracción con engranaje (Ascensores electromecánicos).
- · Máquina en alto.
- · Máquina en bajo.

Ascensores hidráulicos

Funcionan a través de energía hidráulica.

- · De impulsión directa
- · De impulsión diferencial

Símbolo ascensor

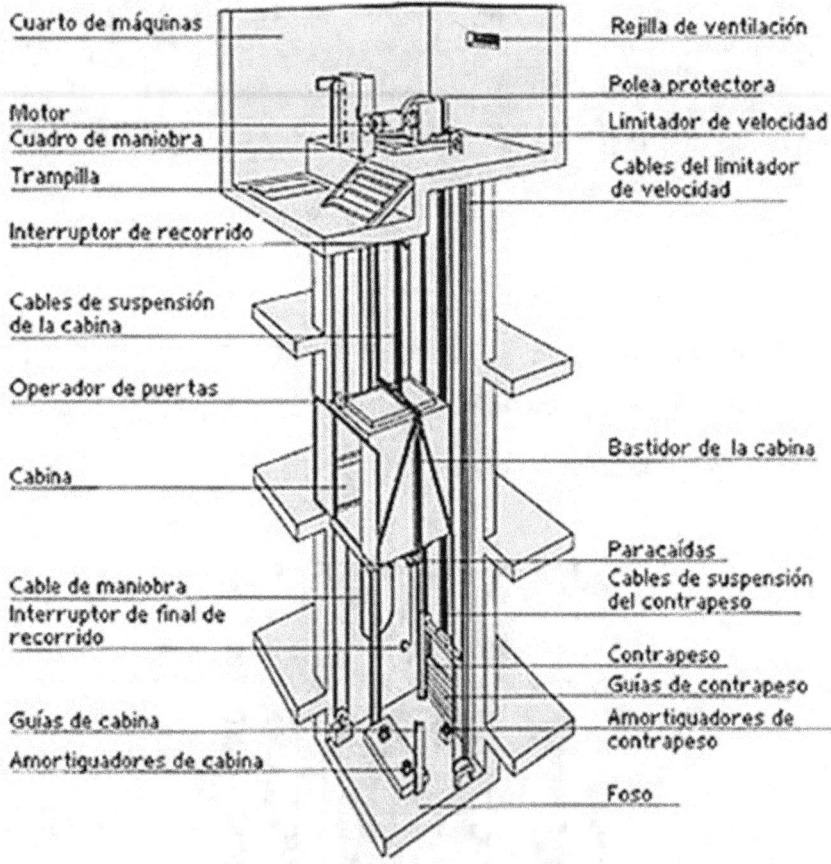

Cuarto de máquinas

Motor
Cuadro de maniobra

Trampilla

Interruptor de recorrido

Cables de suspensión
de la cabina

Operador de puertas

Cabina

Cable de maniobra
Interruptor de final de
recorrido

Guías de cabina

Amortiguadores de cabina

Rejilla de ventilación

Polea protectora

Limitador de velocidad

Cables del limitador
de velocidad

Bastidor de la cabina

Paracaídas
Cables de suspensión
del contrapeso

Contrapeso
Guías de contrapeso

Amortiguadores de
contrapeso

Foso

Partes de un ascensor eléctrico

Partes del ascensor

- *Hueco*
- Recinto por el cual se desplaza la cabina y el contrapeso
- Puerta de visita: Altura de 1.4m x 0,60m ancho
- Puerta de socorro: 1.8 x 0,35m
- Puerta de socorro: 1.8 x 0,35m
- Trampilla de visita: 0,5 x 0,5m

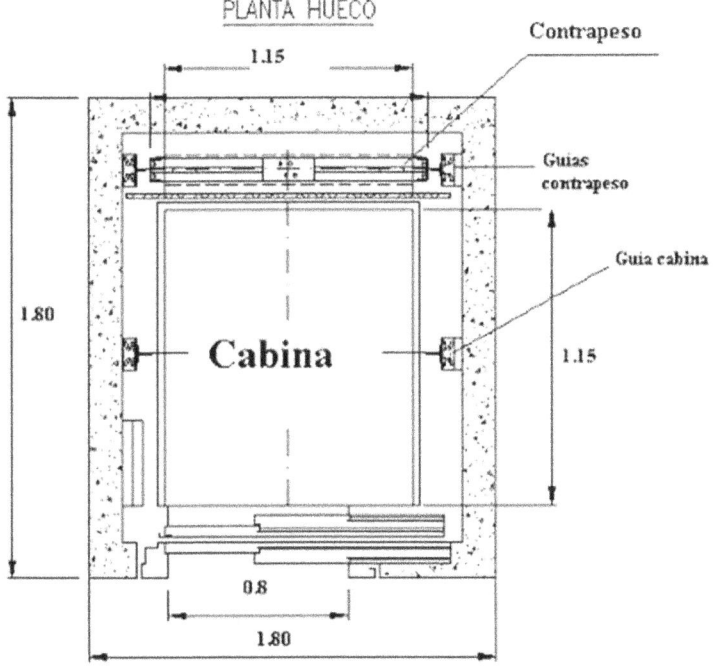

Hueco y Cabina del ascensor

Amortiguador

Órgano destinado a servir de tope deformable de final de recorrido y constituido por un sistema de frenado por fluido o muelle (u otro dispositivo equivalente).

Bastidor

Estructura metálica que soporta a la cabina o al contrapeso y a la que se fijan los elementos de suspensión.

Esta estructura puede constituir parte integrante de la misma cabina.

Guías

Son perfiles T

Estos perfiles son los más empleados tanto para las guías de cabina como de contrapeso

Buena resistencia a la flexión, aparte de mayor superficie de contacto (las dos caras de cada guía) para el agarre de las zapatas del paracaídas.

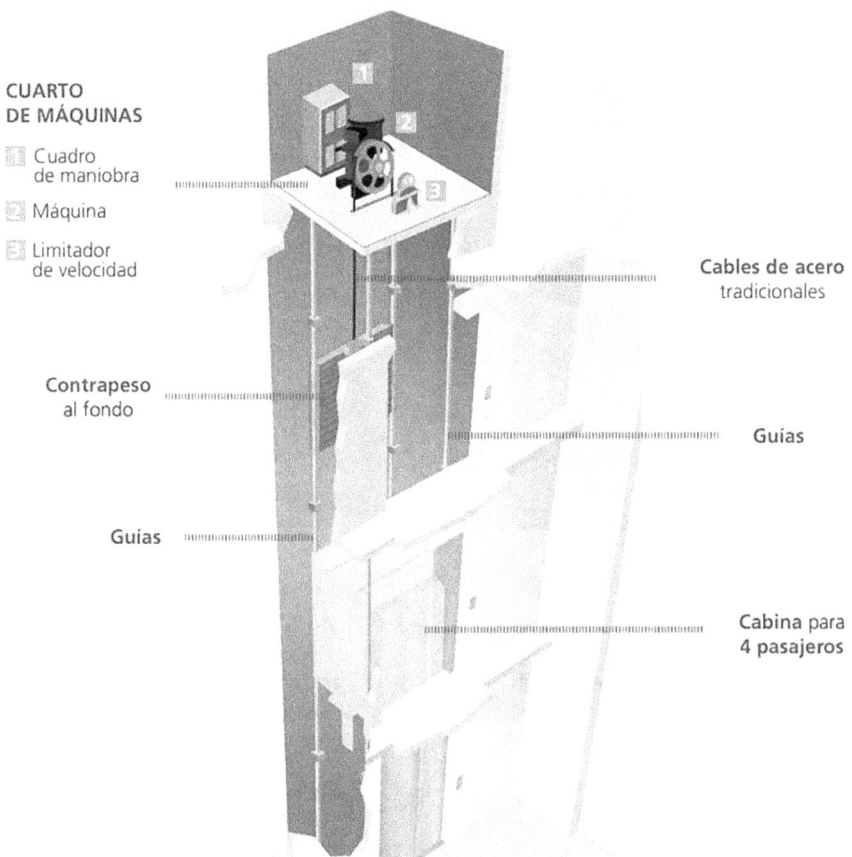

CUARTO
DE MÁQUINAS

▪ Cuadro
de maniobra

▪ Máquina

▪ Limitador
de velocidad

Cables de acero
tradicionales

Contrapeso
al fondo

Guías

Guías

Cabina para
4 pasajeros

Detalle partes de un elevador

Limitador de velocidad

En la sala de máquinas, se encuentra el regulador o limitador de velocidad que es el encargado de censar constantemente la velocidad de desplazamiento de la cabina.

Paracaídas

Dispositivo mecánico que se destina a parar e inmovilizar la cabina o el contrapeso sobre sus guías en caso de exceso de velocidad en el descenso o rotura de los órganos de suspensión.

Sala de máquinas

Actualmente se está generalizando el ascensor eléctrico sin cuarto de máquinas o MRL (Machine Room Less).

Las ventajas desde el punto de vista arquitectónico son claras: el volumen ocupado por la sala de máquinas de una ejecución tradicional desaparece, ahorrando los costes de la tradicional sala de máquinas, pudiendo ser aprovechada para otros fines o haciendo posible que se pueda llegar con el ascensor hasta la terraza o planta más alta donde anteriormente se situaba la sala de máquinas.

En este tipo de ascensores se suelen utilizar motores gearless de imanes permanentes, accionados mediante una maniobra con control por variador de frecuencia, situados en la parte superior del hueco sobre una bancada directamente fijada a las guías, que están ancladas a cada forjado.

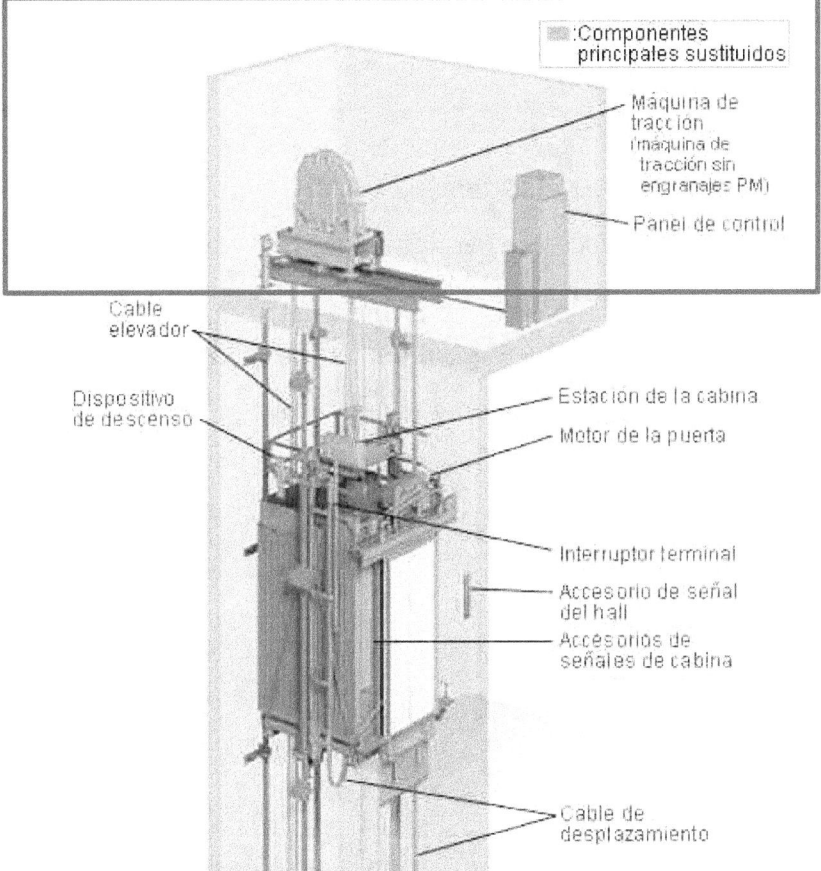

Detalle arriba en recuadro: Sala de máquinas

Con ello, las cargas son transferidas al foso en lugar de transmitirse a las paredes del hueco, evitando así vibraciones y molestias a las viviendas adyacentes.

Recorridos

Recorrido

Es la distancia vertical medida entre los niveles de piso terminado de las paradas superior e inferior de un ascensor.

Recorrido libre de seguridad

Distancia disponible, en los finales de recorrido de la disponible, en los finales de recorrido de la cabina o del contrapeso que permite el desplazamiento de éstos, más allá de sus niveles extremos.

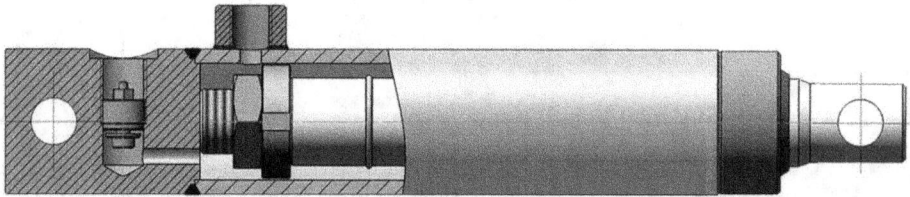

Cilindro hidráulico con válvula paracaídas integrada

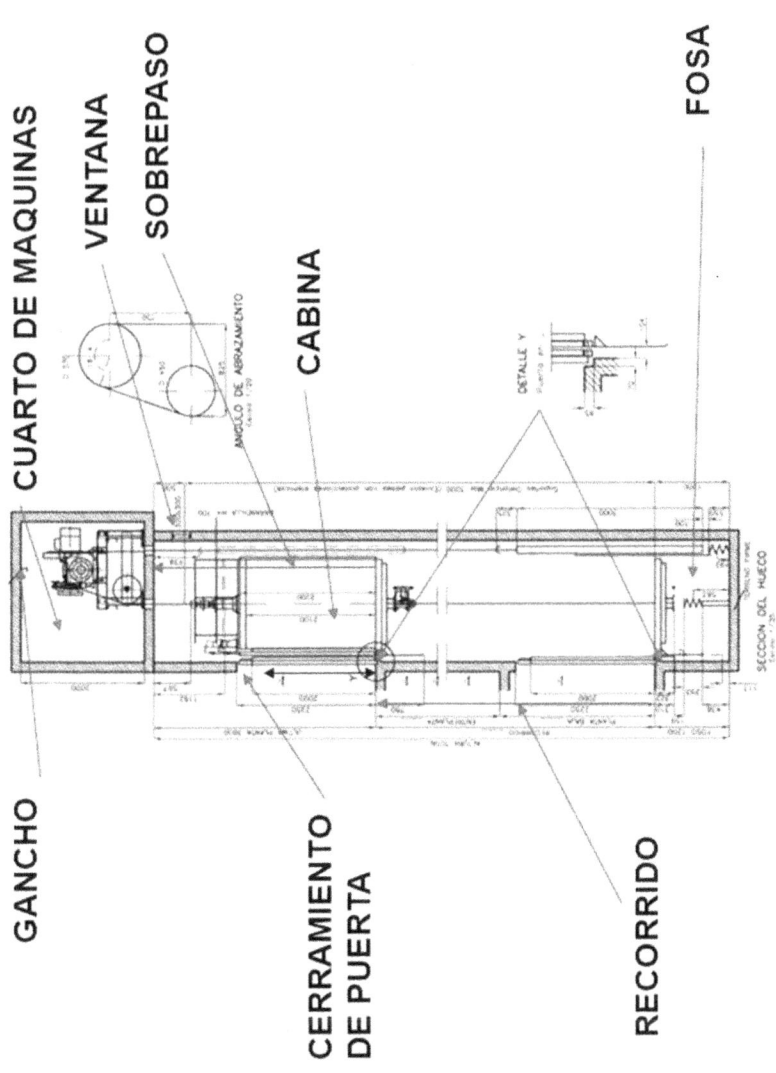

Detalle recorrido del ascensor

Cálculo contrapeso

Peso de la Cabina: Qb

$$Qc = Qu/2+Qb$$

Carga no equilibrada: Q

Carga total: Qt

$$Q = Qt-Qc$$

Potencia ascensor

$$Potencia (Cv) = Q*v/75*R$$

Ascensores hidráulicos

Lleva un pistón que por dentro tiene aceite, y es lo que le propulsa para poder subir.

Este tipo de maniobra es recomendable para edificios con pocas alturas.

Se utilizan para edificios de 2 a 6 plantas, velocidades de 0,125 a 0,75 m/s y cargas de 900 a 10000 KG.
Se pueden movilizar cargas mayores con la utilización de varios arietes.

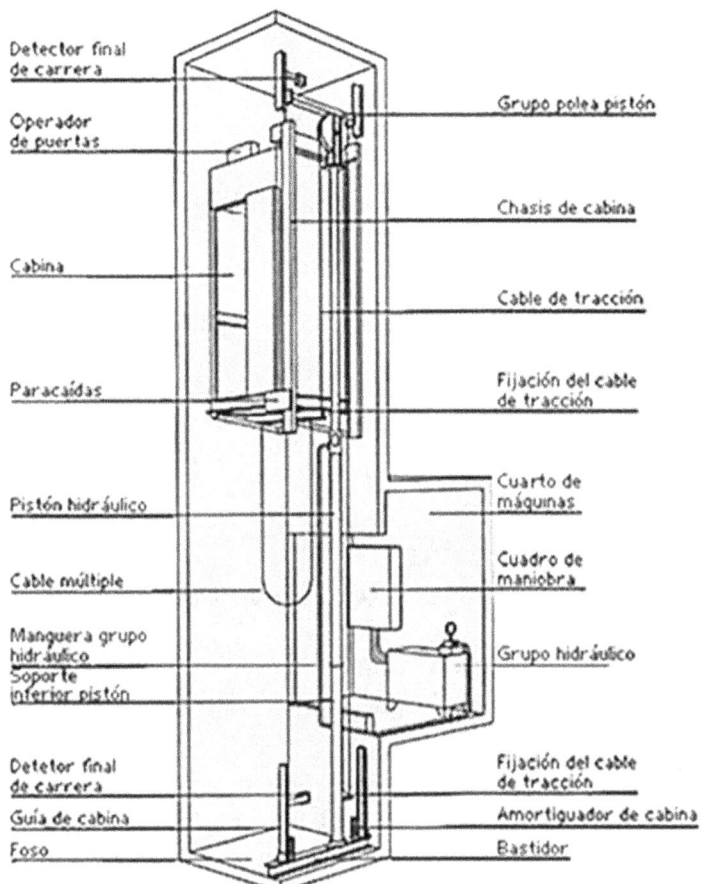

Partes de un ascensor hidráulico

Accionamiento

En los ascensores hidráulicos el accionamiento se logra mediante la energía de un motor eléctrico acoplado a una bomba, que impulsa aceite a presión a través de válvulas de maniobra y seguridad, desde una tubería a un cilindro, cuyo pistón sostiene y empuja la cabina.

Motor

El grupo impulsor realiza las funciones del grupo tractor de los ascensores eléctricos, y el cilindro con su pistón la conversión de la energía del motor en movimiento.

Transmisión hidráulica

El fluido utilizado como transmisor del movimiento funciona en circuito cerrado, por lo que la instalación se completa con un depósito de aceite.

Maquinaria

La maquinaria de este tipo de ascensor puede alojarse en cualquier tramo del recorrido a una distancia de hasta 12 m del mismo, con lo cual permite más juego a la hora de instalar este ascensor en emplazamientos con limitación de espacio.

Son los más seguros, pero también los que más energía consumen.

Elevadores de obra

El elevador de obra, es el que ofrece una solución de transporte de todo tipo en obras y construcciones de baja, media o gran altura. Además, existen distintos modelos para construcción, rehabilitación y reparación de fachadas.

Se clasifican en función de su uso en:

- Plataforma cremallera
- Montacargas
- Elevador de personas y materiales

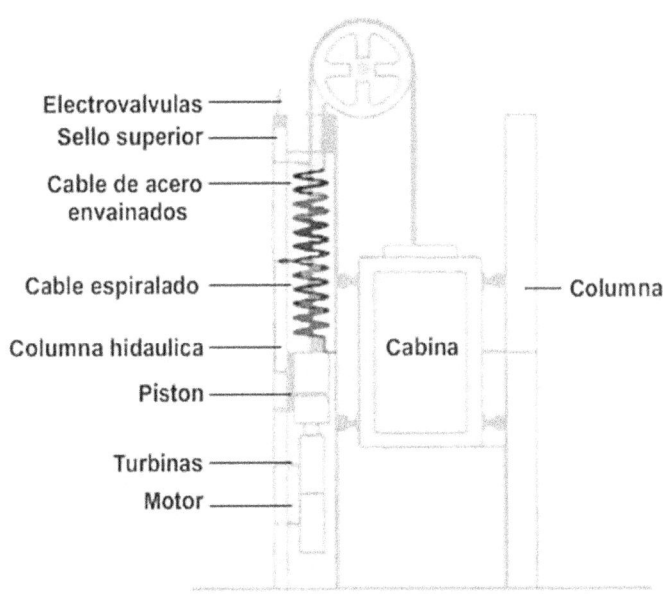

Detalle sistema hidráulico de ascensor

Elevador de obra con soporte base
y fijación de guías a la estructura

Sistemas de elevación de pozos

Se utilizan para acceder a pozos de agua canarios.

Pueden llegar a tener 700 m de profundidad.

Partes

- · Winche.
- · Pórtico.
- · Cubilete.

Winche

El Winche, es una maquinaria utilizada para levantar, bajar, empujar o tirar la carga. Es utilizado también para bajar e izar personal del interior del pozo o la galería. Siempre que cumpla con exigencias mínimas de seguridad.

Componentes Winche

- · Tambor
- · Motor.
- · Sistema de seguridad.
- · Sistema de control.
- · Cables. Poleas.
- · Estructura de desplazamiento.

Sistema de seguridad

Es el dispositivo encargado de regular la velocidad, este actúa en caso de una súbita aceleración o desaceleración de la velocidad, ocasionado por un posible fallo mecánico se acciona el dispositivo de emergencia del sistema de izaje.

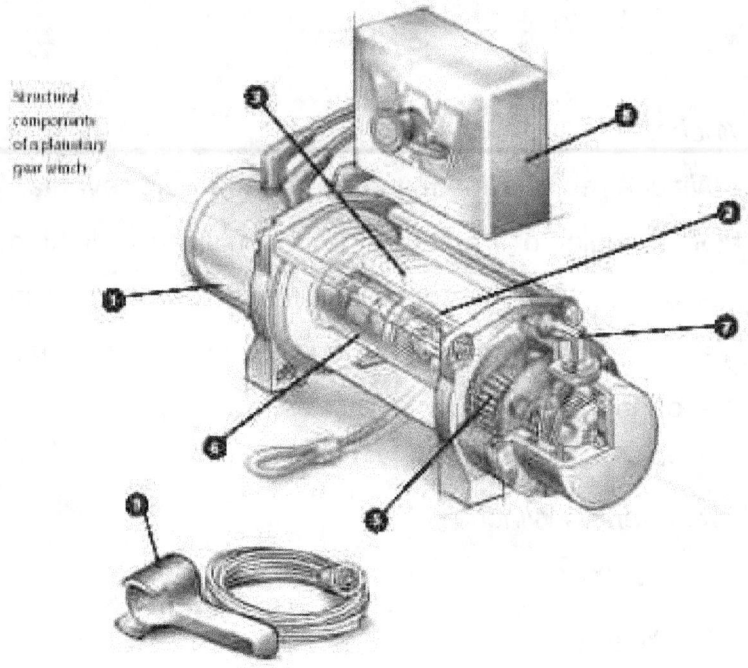

El Winche, también conocido como malacate, cabestrante o cabrestante, se compone de un motor eléctrico (1) conectado a la batería del vehículo. El motor hace girar un tambor (6) donde se enrolla el cable de acero (3). Unos engranajes multiplican la fuerza (5) del motor. Hay un freno (7) y el control remoto (9), que se enchufa a la caja de control (8.) permite activar el giro o la detención del tambor de arrastre. Este equipo permite sacar el vehículo de lugares en donde sería imposible que saliera por sus propios medios. También se puede usar para sacar árboles u objetos que obstruyen el camino. No se puede usar para levantar personas. La capacidad de tiro del Winche debe ser como mínimo una vez y media el peso del vehículo. Accesorios indispensables para trabajar con el Winche

Salvaescaleras

Los salvaescaleras permiten a las personas discapacitadas acceder a los edificios o a su propia casa discapacitadas acceder a los edificios o a su propia casa con más facilidad y hacen que la vida cotidiana sea mucho más fácil para ellos. Hay muchos tipos de salvaescaleras para minusválidos o para personas a las que les cueste acceder a los edificios o para personas a las que les cueste acceder a los edificios o viviendas, y hay variedad de salvaescaleras que se pueden instalar para facilitar así su entrada o subida por una escalera.

Símbolo en salvaescaleras

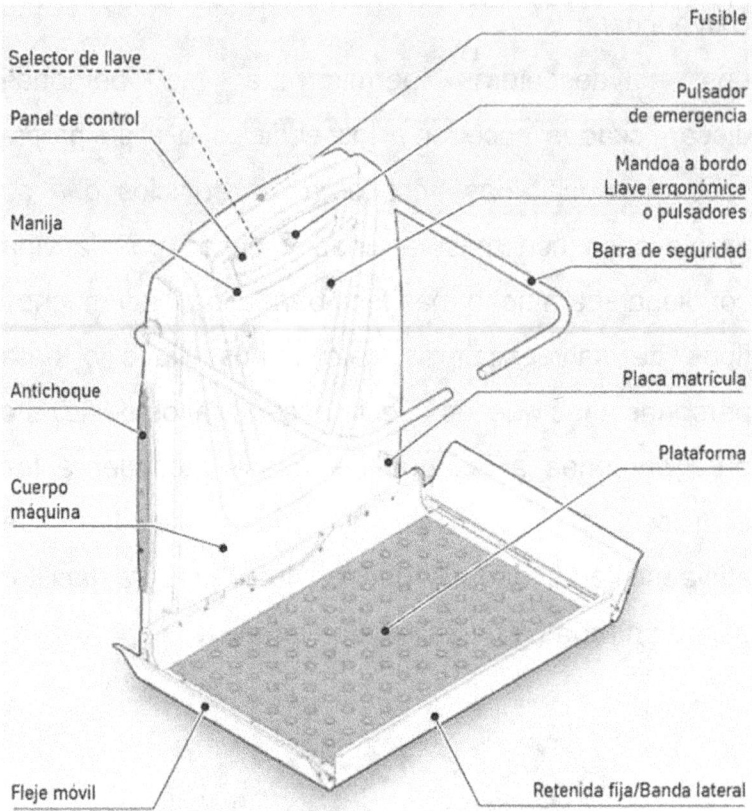

Partes de un salvaescaleras

Elevadores de automóviles

Fundamento

Son ascensores para el transporte de coches, subir y bajar vehículos de una manera más fácil, rápida y cómoda, suponiendo un considerable ahorro de espacio en el edificio.

La capacidad de carga hasta 4.500 Kg es suficiente para transportar todo tipo de vehículos, incluido las personas y carga del mismo.

Elevador en playa de estacionamiento

Elevadores en talleres mecánicos

En los talleres de reparación, los puentes elevadores han sustituido a los fosos para gran número de trabajos.

Las medidas de seguridad aplicables a estos elementos son las siguientes:

1. Las maniobras y el control deben realizarlo únicamente personal especializado.

2. La zona del suelo afectada por el movimiento del elevador debe estar perfectamente delimitada y se mantendrá siempre despejada.

3. El puente dispondrá de los adecuados dispositivos que impidan todo descenso no deseado.

4. Cuidado con las posibles sobrecargas.

5. Como cualquier otro dispositivo mecánico debe revisarse periódicamente. En especial deben controlarse los órganos de suspensión y los niveles de líquido de los cilindros.

6. El puente dispondrá de un dispositivo eficaz para fijar el vehículo tanto en el ascenso como en la bajada.

7. Es conveniente utilizar casco de seguridad para trabajar debajo de los elevadores, en previsión de posibles golpes en la cabeza.

Escaleras mecánicas

Introducción

Transporte de personas

Un transportador de personas es un elemento mecánico de movimiento elemento mecánico de movimiento continuo, que se usa para transportarlas entre dos puntos en el mismo nivel o en niveles diferentes

-Mismo nivel; Andén o rampa móvil.

-Diferente nivel; Escalera mecánica.

Una escalera mecánica o eléctrica es un dispositivo de transporte, que consiste en una escalera inclinada, cuyos escalones se mueven hacia arriba o hacia abajo.

Funciones

Las escaleras mecánicas y rampas móviles, al estar en movimiento continuo, atraen a los usuarios.

Las escaleras mecánicas y rampas móviles dirigen el flujo de circulación.

Las escaleras mecánicas y rampas móviles tienen una gran capacidad de transporte.

Las escaleras mecánicas y rampas móviles pueden ser utilizadas en todo momento.

Garantizan una frecuencia uniforme de personas en cada una de las plantas.

Símbolo representativo de una escalera mecánica

Partes del elemento mecánico

Cadena continua de escalones.

Son arrastrados por un mecanismo con motor eléctrico. Por medio de dos cadenas de rodillos, una a cada lado.

Los escalones van guiados por rodillos que corren por unas guías que mantienen las huellas de los escalones en posición horizontal en la zona útil.

Las guías garantizan que, en una distancia de 0,80 a 1,10 m, según la velocidad y la contrahuella de la escalera.

Escalones

La superficie de la huella debe ser ranurada o estriada paralelamente a la dirección del movimiento.

Las ranuras o estrías tendrán un ancho máximo de 7 mm. y no menos de 9 mm. de profundidad.

La distancia entre ejes de ranuras o estrías no excederán de 10 mm.

Armadura formada por perfiles de acero soldados y guías de rodadura.

Carenado para cerrar la parte inferior de la escalera mecánica.

Barandilla

Barandilla mínima de 90 cm de altura, de chapa de acero, laminados plásticos, vidrio de seguridad, etc., con pasamanos de goma o plástico con velocidad coincidente con la de la banda.

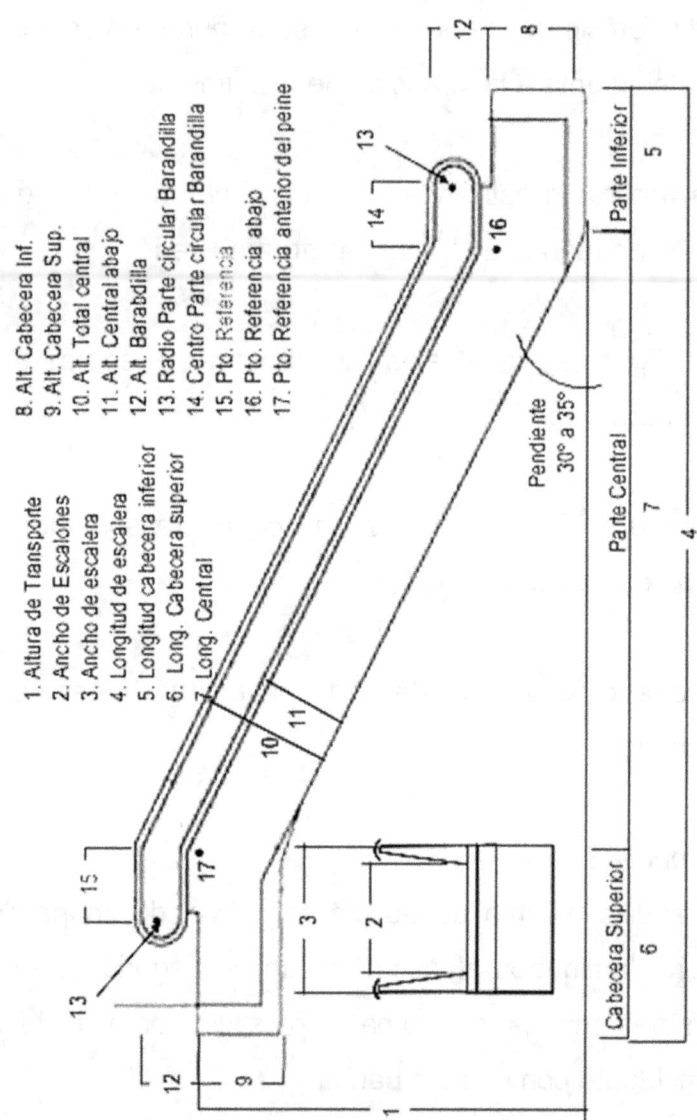

1. Altura de Transporte
2. Ancho de Escalones
3. Ancho de escalera
4. Longitud de escalera
5. Longitud cabecera inferior
6. Long. Cabecera superior
7. Long. Central

8. Alt. Cabecera Inf.
9. Alt. Cabecera Sup.
10. Alt. Total central
11. Alt. Central abajo
12. Alt. Barabdilla
13. Radio Parte circular Barandilla
14. Centro Parte circular Barandilla
15. Pto. Referencia
16. Pto. Referencia abajo
17. Pto. Referencia anterior del peine

Parte Inferior
Parte Central
Cabecera Superior

Pendiente 30° a 35°

Partes de una escalera mecánica

Grupo motriz y freno

Grupo motriz (dispone de sistema de enfriamiento automático y protector contra el calentamiento excesivo), transmisión por:

· Cadena.

· Árbol.

· Correas.

· Sistema de freno entra en funcionamiento al interrumpirse la energía de alimentación.

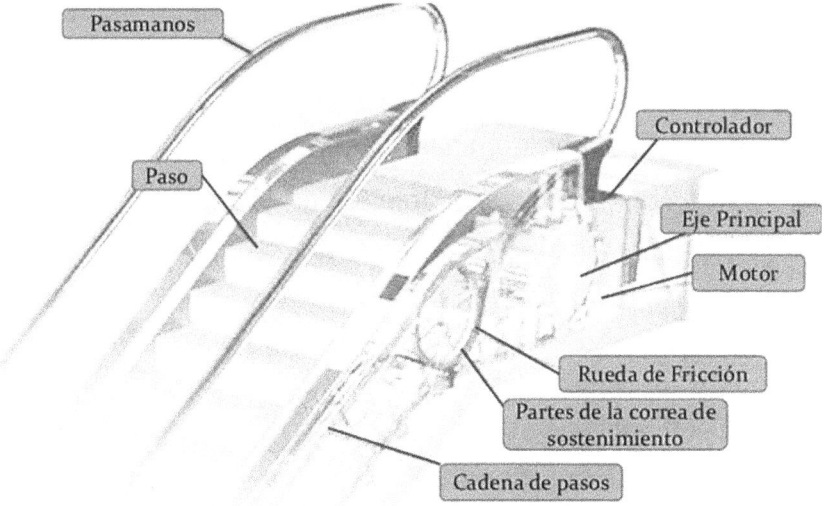

Parte superior de una escalera mecánica

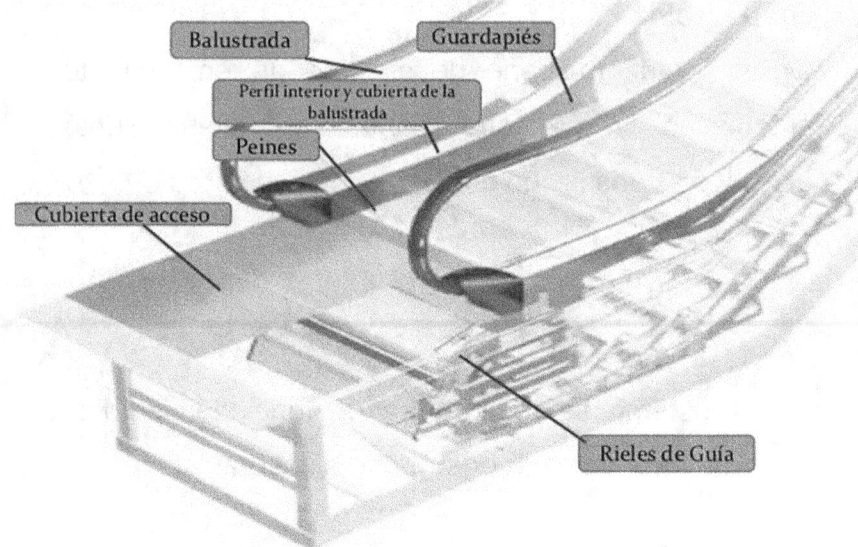

Parte inferior de una escalera mecánica

Dimensiones

1 persona ancho nominal 0.6 m

1.5 personas ancho nominal 0.8 m

2 personas ancho nominal 1.0 m.

Cálculos

Legislación

La norma europea EN 115 y la Directiva de Maquinaria (2006/42/EC) definen y regulan la construcción segura, así como el montaje de escaleras mecánicas y rampas móviles en edificios.

En Norteamérica se deben respetar las normas del Instituto Nacional Americano de Normalización (ANSI).

Datos generales

- Desnivel a superar.
- Angulo inclinación escalera.
- Ancho nominal.
- Velocidad nominal.
- Motor (Trifásico 4 polos 1500 RPM).
- Maquina impulsada sin choques.
- Relación de reducción.
- Lubricación por baño de aceite.
- Paso cadena p.
- Numero de cordones C.
- Número de dientes de la rueda impulsora
- (P) .
- Número de dientes de la rueda (R).
- Ángulos de inclinación escalera mecánica 30 – 35 º

Composiciones

- Tijera.

- Paralelo.

- Direcciones cruzadas.

- Direcciones paralelas.

Los andenes móviles horizontales pueden proyectarse para una inclinación de 0 a 6 grados.

Inclinaciones de 10°, 11° y 12° para las rampas móviles inclinadas.

Se recomiendan 10ªgrados.

Factor k

$$K = \frac{(Zp+Zr)^2}{2\pi}$$

Capacidad teórica

$$Ct = \frac{Vn * 3600 * K}{0.4} = pers/h$$

Diámetro rueda y piñón

$$D_r = \frac{P}{sen\left(\frac{180}{Zr}\right)}$$

$$D_p = \frac{P}{sen\left(\frac{180}{Zp}\right)}$$

Velocidad de la cadena

$$V_l = \frac{\pi * D_p * n}{60}$$

Limitación velocidad en andén móvil

Velocidad no será mayor de 0,75 m/s, a menos que el movimiento sea horizontal, ese caso se admite una velocidad de 0,90 m/s, siempre que la anchura no exceda de 1,10 m.

Longitud de la cadena

$$Lc = 2 * D * \left[\frac{Zr + Zp}{2}\right] * p + \left(\frac{K}{D} * p^2\right)$$

Cálculo de potencia

$$P' = \frac{Fu * Vl}{75}$$

$$Fu = \frac{K * 2000}{dp}$$

Potencia nominal corregida

$$P'_c = C1 * C2 * P'$$

Potencia final de diseño

$$P = C3 * P'_c$$

Esfuerzos en la cadena

$$F_{total} = F_{util} + F_{centrífuga}$$

Fuerza útil y centrífuga

$$F_u = \frac{P' * 75}{V_l} \qquad F_c = \frac{G * V_l^2}{g}$$

Coeficiente de seguridad

$$Cs = \frac{Fr}{F}$$

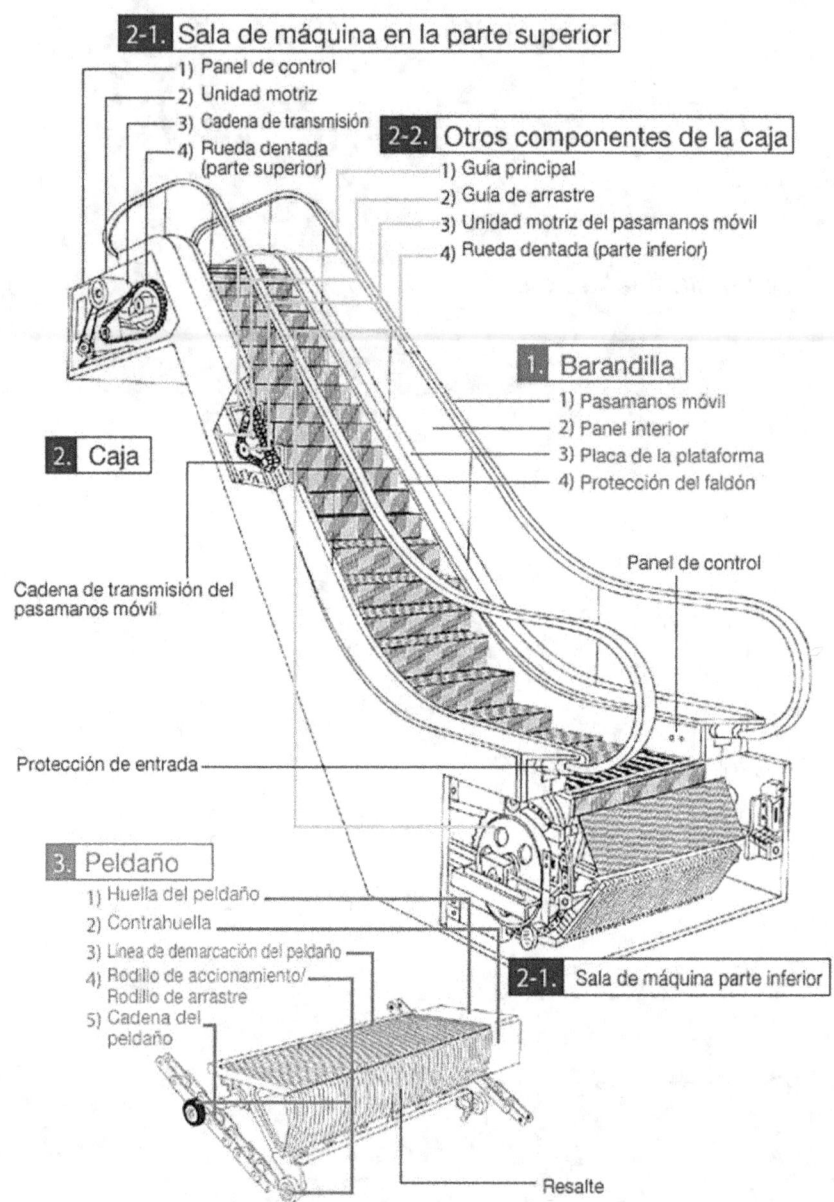

2-1. Sala de máquina en la parte superior
1) Panel de control
2) Unidad motriz
3) Cadena de transmisión
4) Rueda dentada (parte superior)

2-2. Otros componentes de la caja
1) Guía principal
2) Guía de arrastre
3) Unidad motriz del pasamanos móvil
4) Rueda dentada (parte inferior)

1. Barandilla
1) Pasamanos móvil
2) Panel interior
3) Placa de la plataforma
4) Protección del faldón

Panel de control

2. Caja

Cadena de transmisión del pasamanos móvil

Protección de entrada

3. Peldaño
1) Huella del peldaño
2) Contrahuella
3) Línea de demarcación del peldaño
4) Rodillo de accionamiento/ Rodillo de arrastre
5) Cadena del peldaño

2-1. Sala de máquina parte inferior

Resalte

Perspectiva completa escalera mecánica

Grúas Industriales
Sistemas de elevación y transporte

Grúa pórtico

Grúa cuyo elemento portador se apoya sobre un camino de rodadura por medio de patas de apoyo.

Se diferencia de la grúa puente en que los raíles de desplazamiento están en un plano Se diferencia de la grúa puente en que los raíles de desplazamiento están en un plano horizontal sobre el suelo.

Elementos

-Mecanismo de elevación.

Conjunto de motores y aparejos que se aplican en el movimiento vertical.

-Mecanismo de translación del carro.

Conjunto de motores que se aplican en el movimiento longitudinal del carro.

-Mecanismo de translación del puente.

Conjunto de motores que incluye los testeros como estructuras portantes que incorporan este mecanismo para el movimiento longitudinal de la grúa.

-Camino de rodadura.

Elemento estructural por el que se desplaza longitudinalmente la grúa.

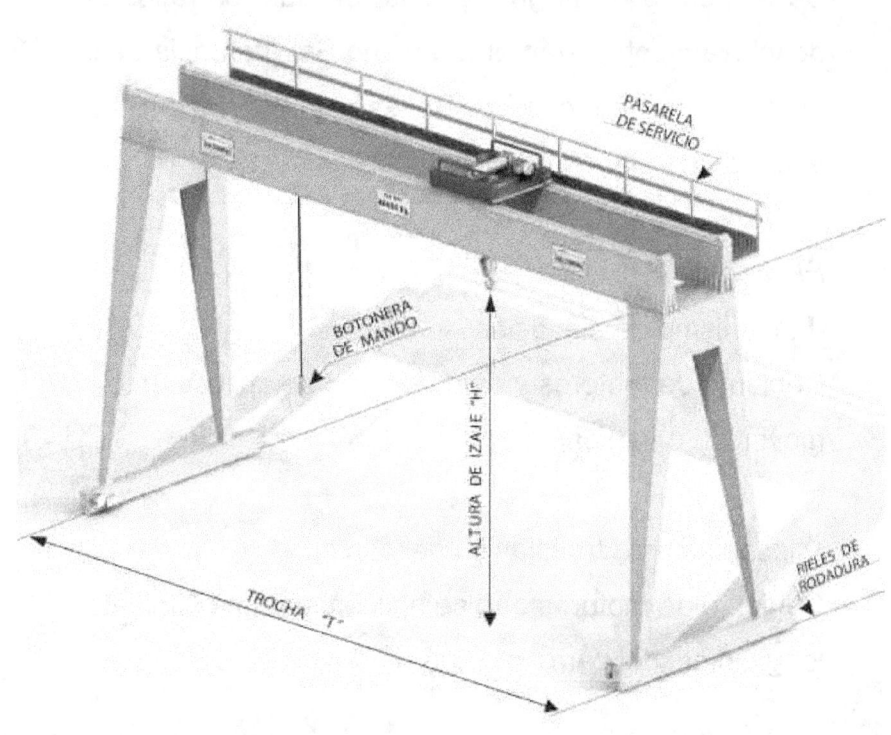

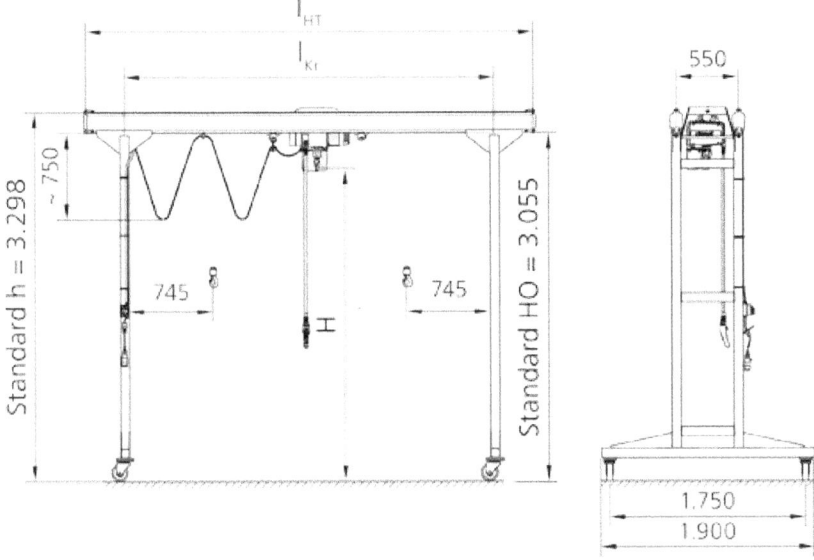

Medidas de la Grúa

Grupo electrógeno

Elementos

- Mecanismo de giro.
- Conjunto mecánico que realiza el desplazamiento angular del brazo o bien de la posición de los ganchos de un carro.

Elementos de seguridad

- Botonera de control, con clara señalización
- diferenciada de los mandos.
- Dispositivo de paro de emergencia.

- Las botoneras de control móviles.
- Finales de carrera de traslación del puente y pórtico.
- Dispositivo de bloqueo de seguridad, con llave.
- Dispositivos de final de carrera superior e inferior en el mecanismo de elevación.
- Finales de carrera de traslación del carro.
- Limitadores de carga y de par.
- Dispositivo de seguridad que evite la caída de la carga durante su manipulación.
- Ganchos de elevación provistos de pestillo de seguridad.
- Indicación, claramente visible, de la carga nominal.
- Barandillas adecuadas de protección en todos los pasos elevados.
- Carteles de señalización de los riesgos residuales.

Grupo electrógeno en círculo. Ubicación

Grupo motor

Ubicación del motor y sus componentes.

Cálculos a realizar

Cargas verticales:

Grupo motor

Momento flector producido por las dos cargas móviles del carro.

Momento debido al peso propio de la viga.

Cargas horizontales:

Momento flector de la viga debido a la carga móvil y al peso propio de la viga producido por el frenado de la grúa pórtico.

Cálculos a realizar en soportes

Flexión producida por la carga móvil.

Flexión producida por el peso propio de la viga.

Flexión producida por el frenado en el sentido de las vigas.

Izado de cargas

Se prohíben los empalmes atornillados.

Los eslabones desgastados o en mal estado deben ser cortados y reemplazados de inmediato.

Otras grúas industriales

Semi-pórtico

Grúa fijada a un muro y que se desplaza a lo largo de un camino de rodadura aéreo.

Se diferencia de las grúas puente y pórtico en que uno de los raíles de desplazamiento se encuentra elevado y el otro raíl está normalmente apoyado en el suelo.

Las grúas semipórtico permiten el movimiento de cargas en todo tipo de industrias y aplicaciones.

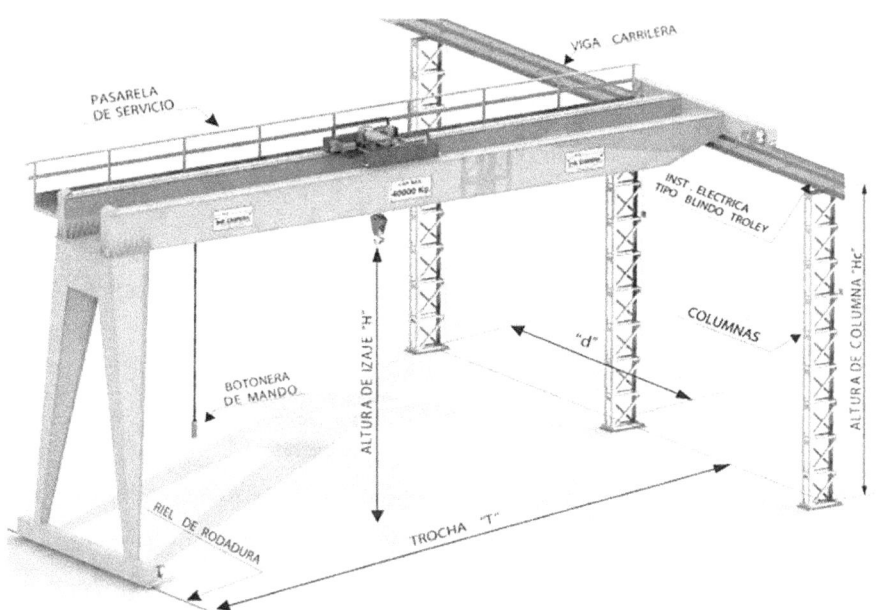

Grúa semi-pórtico

Pluma (Grúa torre)

Se denomina grúa torre a un tipo de grúa de estructura metálica desmontable alimentada por corriente eléctrica especialmente diseñada para trabajar como herramienta en la construcción.

Tipos

Las grúas torres de pluma abatible son capaces de producir momentos de carga superiores.

Por su movilidad se clasifican en:

-Fijas: Son las grúas que no incorporan en su funcionamiento maniobras de traslación, es decir, la capacidad de trasladarse a sí mismas de modo autónomo por medio de raíles u otros medios.

-Apoyadas: Son aquellas que centran su gravedad por medio de contrapesos o lastres situados en su base.

-Empotradas: Son aquellas que centran su gravedad en el suelo por medio de un primer tramo de su mecano anclado al suelo encofrándose con hormigón en una zapata o con otros medios análogos.

-Móviles: Son aquellas que poseen capacidad de movimiento autónomo.

-Con traslación: Por regla general por medio de raíles convenientemente situados en el suelo.

-Trepadora: Capaces de elevarse por medio de sistemas de trepado (con cables o cremalleras) firmemente hasta el edificio que se construye.

-Telescópica: Capaces de elevarse sobre sí mismas alargándose por medio de tramos anchos y estrechos embebidos unos sobre otros.

Por su pluma:
Grúa de pluma horizontal.
Grúa de pluma abatible.

Puente grúa suspendido

Puente grúa suspendido es un tipo flexible y ligero con una viga de carga. El peso ligero de la grúa permite levantar y trasladar los materiales rápido al destino, y así puede mejorar la eficiencia de trabajo. Se utiliza en los talleres donde no existen pilares o columnas de apoyo, y por eso, las vigas carrileras se suspenden de un techo o una cubierta.

Al mismo tiempo, la estructura de este techo debe ser capaz de soportar la grúa y la carga.

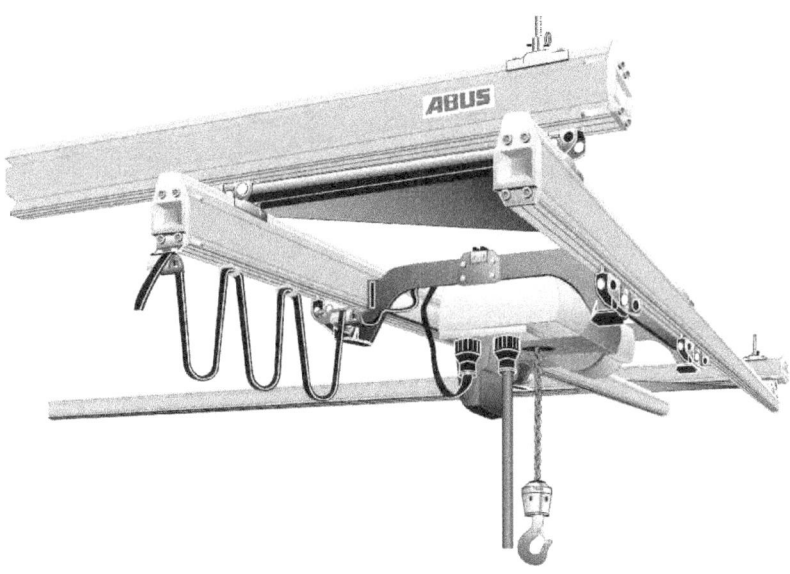

Grúa bandera

Las grúas bandera giratorias garantizan un rápido y fácil manejo de la carga en los puntos de trabajo, maximizando la productividad y minimizando los tiempos muertos.

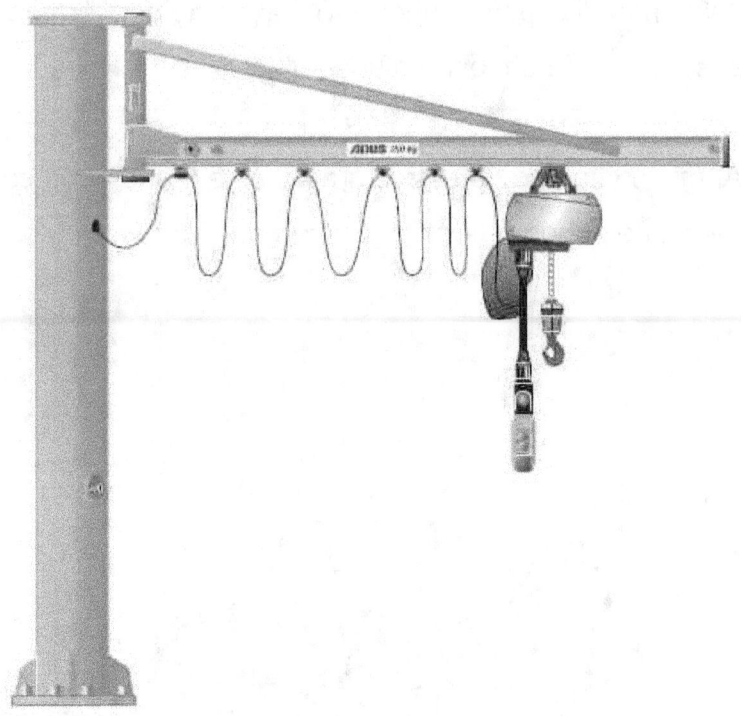

Izado de cargas

Su factor de seguridad será al menos de 5 para su carga nominal máxima.

Si llevan anillos, ganchos, eslabones u otro complemento serán del mismo material de la cadena a la que vayan fijados.

Raíles

La práctica totalidad de los aparatos de elevación utilizan como medio de translación ruedas de acero sobre carril metálico.

Únicamente los vehículos grúa y pórticos autoportantes especiales incorporan neumáticos, o plataformas con ruedas.

Características comunes

Permiten una fácil rodadura del elemento rodante.

Conforman un perfil equilibrado.

Presentan un valor adecuado de inercia.

Proceso montaje puente grúa

Montaje de puente grúa. Especificaciones técnicas generales. Obras civiles y mecánicas. Suministrar los recursos materiales y humanos necesarios para el montaje del puente grúa. Llevar registros para el montaje del puente grúa. Alertar ante posibles desviaciones presentadas a este procedimiento. PROCEDIMIENTO 6.1. Revisar las especificaciones y planos relacionados con la actividad, además de las especificaciones del equipo. 6.2. Verificar las condiciones del sitio de ubicación del equipo a instalar. 6.3. En base a la programación de la obra, coordinar con el Supervisor el inicio de los trabajos. 6.4. Prever la respectiva elaboración y firma de los Aretes asociados al procedimiento y dictar las charlas de seguridad. 6.5. Demarcar y acordonar las áreas necesarias para el adecuado desarrollo de la actividad. 6.6. El personal a realizar la instalación debe ser calificado y con experiencia en el montaje de puente grúa o equipos. 6.7. Descargar los materiales según Procedimiento BSCS122V01.501-141 Descarga con montacargas. 6.8. Inspeccionar los materiales, equipos y herramientas necesarias, adecuadas para la actividad, verificar que estén en buenas condiciones cumpliendo con los requerimientos de las especificaciones, planos del proyecto y del equipo. 6.9. Armar y verificar el andamio necesario para realizar la actividad. 6.10. Verificar topográficamente la concordancia entre ejes de construcción civiles y ejes de partes mecánicas antes del montaje. 6.11. Colocar los ejes, coordenadas y niveles necesarios para la correcta instalación del equipo en las ménsulas de las columnas del eje B y C. 6.12. Izar las secciones de la viga carrilera. 6.13. Colocar las vigas carrileras sobre las ménsulas según los ejes demarcados, dejando las uniones de las secciones sobre las planchas embutidas en el concreto. 6.14. Verificar longitud de las vigas carrileras según planos. 6.15. Soldar las vigas carrileras a las planchas de las ménsulas, según Procedimiento de Soldadura y Procedimiento Específico de Soldadura. 6.16. Soldar las uniones entre las secciones de las vigas carrileras usando plancha de acero A36. 6.17. Realizar un preensamble del equipo previo al izaje, colocando la tornillería según plano y realizar ajustes usando el torquímetro. 6.18. Izar, colocar y soldar la pletina riel a la viga carrilera según plano. 6.19. Izar los materiales, equipos y herramientas necesarias para la instalación. 6.20. Inspeccionar continuamente la actividad. 6.21. Montar el equipo sobre la pletina riel. 6.22. Verificar topes de seguridad de los equipos fijos y móviles. 6.23. Instalar el equipo tal como se indica en los planos, revisando los elementos mecánicos y eléctricos. 6.24. Verificar cualquier ajuste y/o modificación necesaria. 6.25. Realizar las instalaciones eléctricas correspondientes, verificando los niveles de tensión, controles, indicadores y cableado. 6.26. Verificar la acometida eléctrica a utilizar que brinde los niveles de seguridad y con el voltaje requerido por fabricante. 6.27. Realizar las pruebas de funcionamiento mecánicas y eléctricas pertinentes del equipo según especificaciones, con la finalidad de que el equipo se desplace con los sentidos correctos utilizando los controles del mismo. 6.28. Verificar que el equipo este en buenas condiciones de pintura en la parte externa e interna. 6.29. Pintura final de las vigas carrileras, según Procedimiento de Pintura de Estructuras Metálicas. 6.30. Realizar la limpieza general del equipo. 6.31. Verificar que el equipo cumpla con todos los requerimientos del cliente, que la instalación este completa, que los accesorios, sus componentes e instrumentos estén instalados correctamente según planos y especificaciones. 6.32. Realizar pruebas de carga. 6.33. Liberación y aceptación de la instalación del equipo por parte del cliente. 6.34. Tapar equipo para proteger durante la fase de construcción civil. 6.35. Clasificar, recolectar y retirar los escombros generados durante la actividad. 7. MATERIALES, EQUIPOS Y HERRAMIENTAS 7.1. MATERIALES Puente grúa y accesorios. EQUIPOS Y HERRAMIENTAS Cinta métrica. Equipos topográficos. Herramientas menores, herramientas eléctricas, Vehículos de transporte. Plástico, soportes de madera. Andamios. Montacargas. Grúa, eslingas, guayas, cadenas, mecate. Máquinas de soldar Horno portaelectrodos. Equipo oxicorte. Torquímetro. Equipos de seguridad: casco, lentes, guantes, botas de seguridad, extintores, termos de agua, arnés. Multímetro. Pinza amperimétrica. 8. REGISTROS 8.1. Registro fotográfico. 9. ASPECTOS DE SEGURIDAD. A continuación, se listan una serie de precauciones que se deben considerar para la ejecución de las actividades contempladas en el presente procedimiento: Los supervisores con apoyo del personal SHA deben dictar una charla de seguridad a todo el personal involucrado en el trabajo para reforzar el conocimiento y la practica segura de ejecución. Este detalle deberá formar parte de los riesgos detectados en la elaboración de los ARETES. El uso del EPP básico (lentes, cascos, botas con puntas de acero) es obligatorio para ingresar a la SEE. El ARETE generado de este procedimiento debe estar correctamente lleno y firmado por todas las partes involucradas. Debe estar en sitio visible. El personal presente en el área de trabajo solo será el autorizado para la actividad a ejecutar (seguir instrucciones de normas y procedimientos para solicitar ARETES). Cualquier cambio u omisión de algún paso critico o relevante en el ARETE está sujeto a su corrección inmediata durante la actividad. Se debe hacer una revisión a los equipos y herramientas antes de iniciar. No puede ser copiado o reproducido sin autorización del Director del Proyecto y/o del Gerente del Departamento. las actividades para evitar averías en pleno proceso que puedan causar eventos no deseados. En caso de detectar algún defecto se notificará al supervisor responsable de la actividad para su inmediata reparación o reemplazo. Los trabajos de soldadura deberán estar separados de aquellos ambientes donde otras personas trabajen, mediante pantallas o tabiques. El EPP será obligatorio para los trabajos de soldadura: Casco, botas, lentes, mascarillas con cartuchos para vapores orgánicos, petos, ropa de slag para soldadores, guantes para caña alta, entre otros. Los trabajos de soldadura o corte en tubería o recipientes metálicos que hayan contenido sustancias inflamables o explosivas, se efectuarán solo cuando se haya eliminado las concentraciones y este evidenciado en el permiso de trabajo. Los sitios destinados a soldaduras y corte de metales deberán estar adecuadamente ventilados. Se debe disponer de equipo contra incendio para enfrentar posibles incendios. Se debe utilizar el equipo de protección personal adecuado. Los equipos a utilizar deberán estar en buenas condiciones. Mantener las Maquinas de Soldar aterradas correctamente. Divulgar las recomendaciones emitidas por el custodio de la instalación. Notificar cualquier evento. Al utilizar sopletes las mangueras de éste deben mantenerse lo más lejos posibles del punto de corte, para evitar que la escoria caliente las queme al caer sobre ellas. Debe evitarse realizar cualquier acción con le soplete prendido, a menos que sea soldar o cortar. El soplete no se debe prender hasta tanto no se tenga todo listo para usarlo debe ser apagado inmediatamente después de haber terminado el trabajo. Cuando se esté cortando una pieza en soplete se debe siempre terminar de cortarla con dicho soplete y nunca forzarla para hacerla cede. Las mangueras de las unidades de soldadura con oxígeno-acetileno u oxigeno-propano deben colocarlas apropiadamente en un soporte cuando no estén en uso. Pruebe antes de iniciar un trabajo que no existan fuga por conexiones, utilice un exposímetro solamente. Nunca permita escape de oxígeno, acetileno o propano en espacio confinado. Si ocurre un retroceso de llama, cierre las válvulas del soplete, primero él oxígeno y luego el acetileno o propano. Determine la causa del retroceso antes de intentar encender el soplete otra vez. Inspecciones las mangueras frecuentemente, presentando especial atención a las conexiones del manómetro y del soplete. Use los cilindros de acetileno en una posición vertical. Todos los cilindros deberán estar asegurados para que no se caiga o sufran volcamiento. La tapa protectora del cilindro debe estar en un sitio cuando los reguladores (manómetros) no estén conectados a los cilindros. Nunca permita que la presión en la línea de oxigeno sea mayor que la presión de la operación del amileno o propano. La presión del acetileno o propano no debe exceder de 15 lbs. en el extremo del soplete. Cuando se cambien los sopletes se cerrará el gas por medio del regulador y jamás doblando la manguera. Los sopletes no se dejarán abandonados en espacios confinados, tales como tanques, compartimientos y otros, ya que cualquier escape puede producir acumulamiento explosivo de gas.

Nunca aplique presión bruscamente al manómetro. Abra las válvulas de lo manómetros poco a poco. Cuando se esté efectuando esmerilados de costuras de soldadura en tubos, la operación debe efectuarse en forma uniforme para evitar que se produzca golpes bruscos contra el tubo que puedan romper la piedra. Deben utilizarse protectores auditivos y visuales cuando se están efectuando trabajos de esmerilados de costura de soldadura. Nunca debe dejarse trapos o papeles llenos de grasas en contactos con cilindros Los equipos de izamiento y sus operadores deben poseer su correspondiente certificación para ejecutar las actividades de montaje y/o desmontaje. Debe realizarse plan de izamiento previo a la actividad. Debe acordonarse toda el área de izamiento en una extensión que sobrepase el radio de operación de la grúa. En ningún caso se permitirá el paso de personas por debajo de la carga Las maniobras con el equipo serán ejecutadas de forma pausada, evitando movimientos bruscos.

Tornillo sin fin

En ingeniería mecánica se denomina tornillo sin fin a un dispositivo que transmite el movimiento entre ejes que son perpendiculares entre sí, mediante un sistema de dos piezas: el "tornillo" (con dentado helicoidal), y un engranaje circular denominado "corona".

Transporte continuo de graneles.

Material con granulometría no muy gruesa.

Sencillo y fácil de construir.

No adecuado para grandes longitudes (en ese caso cinta transportadoras).

Partes

- Hélice sobre eje.
- Carcasa.
- Motor.
- Soportes.

Definición

- Paso.
- Diámetro.
- Materiales.
- Acero.
- Al carbono.
- Materiales metálicos o plásticos.

ventajas

- · Mantenimiento reducido.
- · Limpieza.
- · Pocos ruidos.
- · Ocupa poco espacio.
- · La carga y descarga se pueden efectuar en cualquier punto del recorrido.
- ·

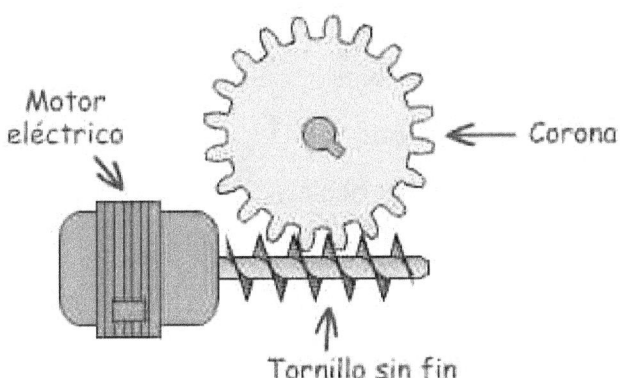

Cangilones

Son el método para el transporte vertical o muy inclinado de graneles, cuando el espacio para un transportador convencional es insuficiente o la pendiente es muy elevada. Los cangilones elevan el producto a granel, fango o líquido. Generalmente son instalaciones fijas que son rentables en alturas comprendidas entre 7 y 25 metros, aunque pueden llegar hasta los 30 metros. Se pueden combinar con transportadores continuos horizontales.

Componentes

- · Pantalones. Correa.
- · Cangilones.
- · Tambor de accionamiento.
- · Tambor de re-envío
- · Cabeza del elevador.
- · Pie del elevador.
- · Puertas de inspección.
- · Motor.
- · Dispositivo tensor.
- · Freno automático.
- · Descarga del elevador.
- · Tolva de alimentación.
- · Puerta de limpieza.

Velocidades de utilización
De 0,4 a 1,5 m/s

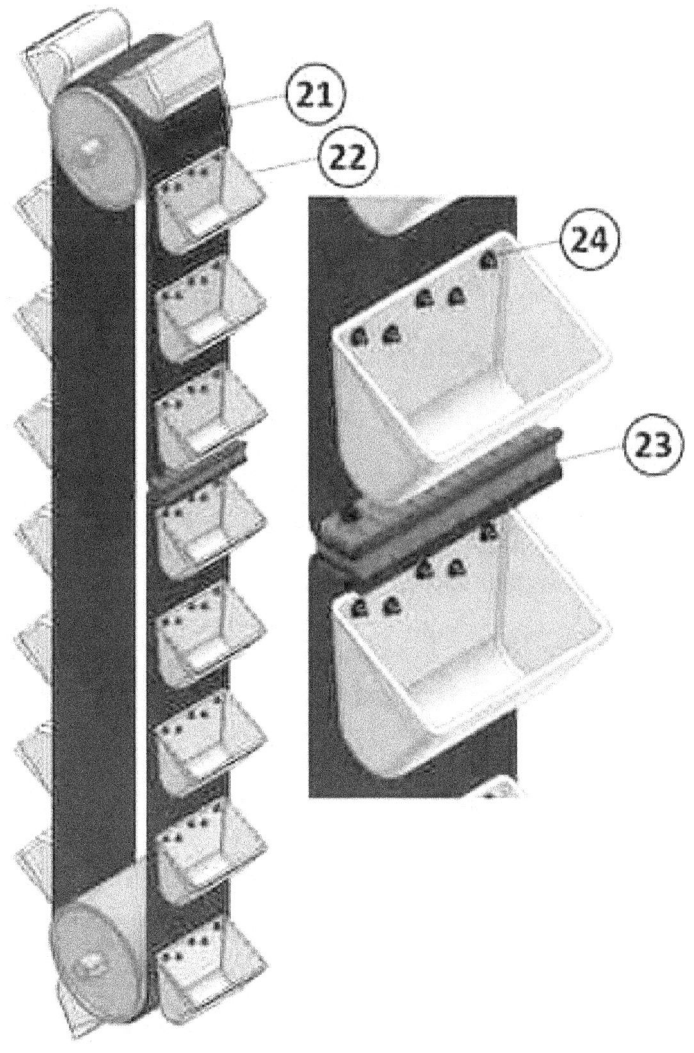

Cangilones

Cintas transportadoras

Introducción

En el transporte de materiales, materias primas, minerales y diversos productos se han creado diversas formas; pero una de las más eficientes es el Transporte por medio de bandas y rodillos transportadores, ya que estos elementos son de una gran sencillez de funcionamiento, que una vez instaladas en condiciones suelen dar pocos problemas mecánicos y de mantenimiento.

Ventajas cintas

- Gran capacidad de transporte.
- Bajo ruido.
- Bajo consumo de energía y mantenimiento.
- Bajo coste por kilogramo transportado.

Desventajas

- Dificultad de transporte de material a altas temperaturas (necesidades especiales de cinta).
- Limitación de transporte de ciertos materiales por la pendiente.

- Dificultad de transporte de graneles muy fluidos o pulverulentos.
- Problemas para cambios de dirección en la cinta.
- Descargas en sentido perpendicular a la dirección de la cinta.

Partes de la instalación y la máquina

- Cabeza motriz.
- Grupo motriz.

Rodillo superior.

- Tolvín de descarga.
- Bastidor. Tensores.
- Equipos eléctricos de seguridad.
- Banda.

Rodillo inferior.

- Cabeza de re-envío.
- Guía de carga.
- Con ángulos de 15 a 45 grados.
- Sostienen a la banda.
- Transmiten el movimiento.

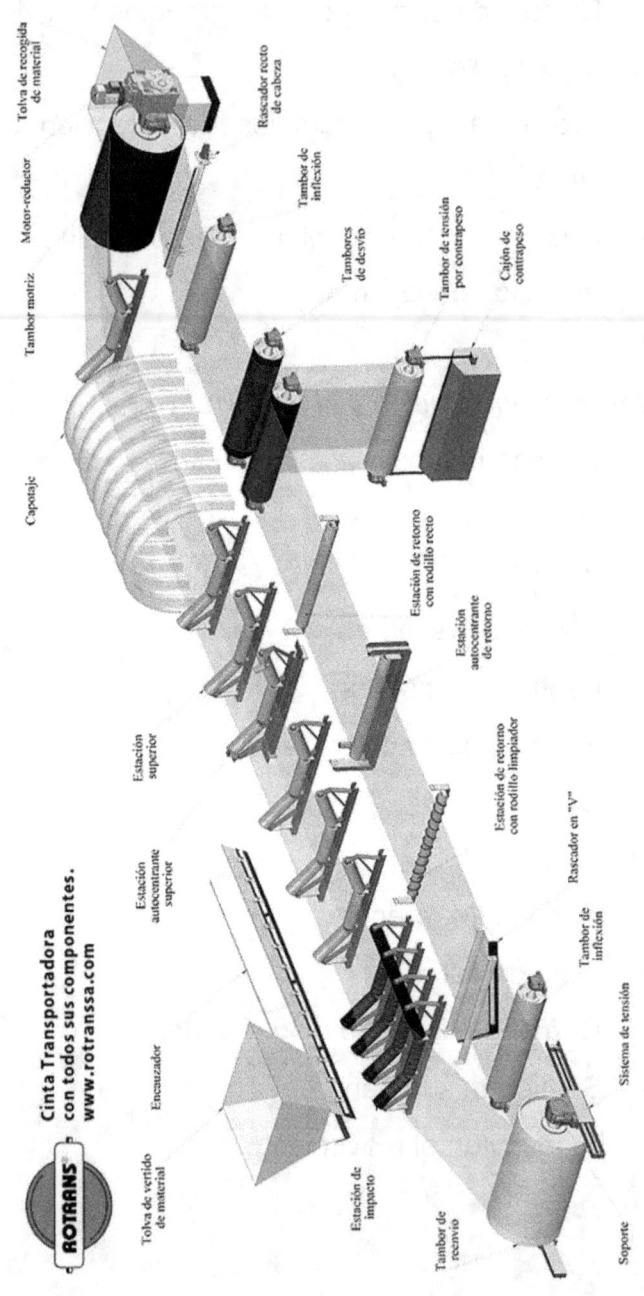

Cinta Transportadora con todos sus componentes.
www.rotranssa.com

ROTRANS

Tolva de recogida de material
Rascador recto de cabeza
Motor-reductor
Tambor de inflexión
Tambor motriz
Tambores de desvío
Tambor de tensión por contrapeso
Cajón de contrapeso
Capotaje
Estación de retorno con rodillo recto
Estación autocentrante de retorno
Estación superior
Estación autocentrante superior
Estación de retorno con rodillo limpiador
Rascador en "V"
Tambor de inflexión
Encauzador
Sistema de tensión
Tolva de vertido de material
Estación de impacto
Tambor de reenvío
Soporte

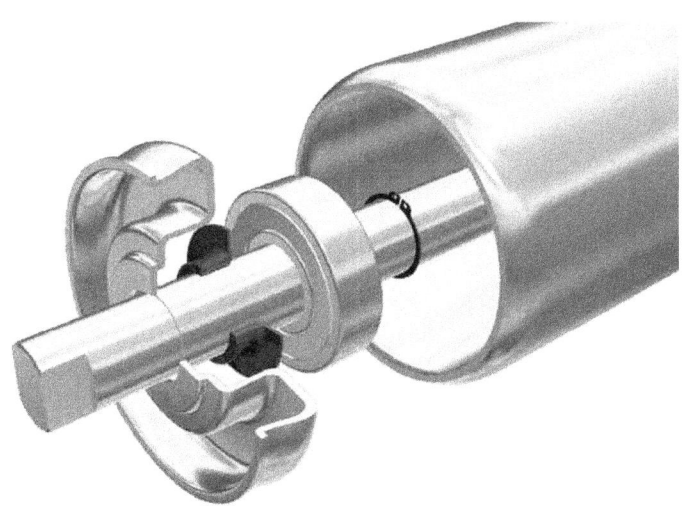

Detalle rodillo y rodamiento

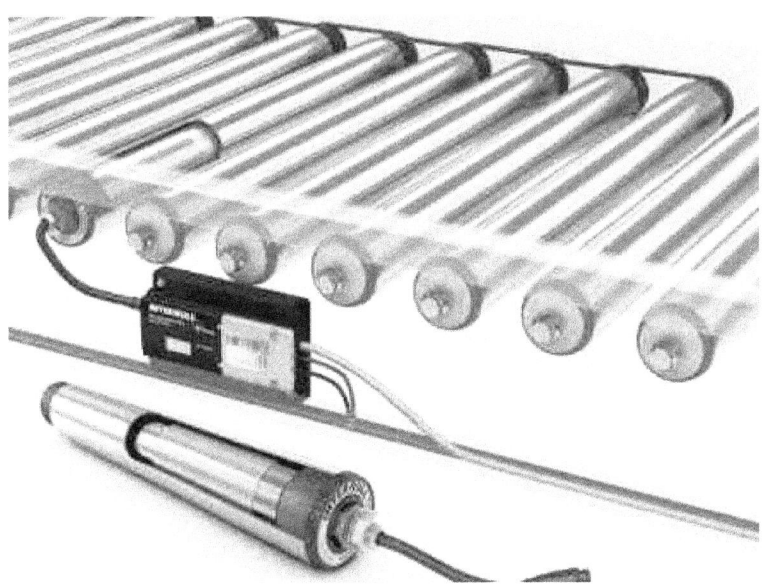

Detalle rodillo-sensor

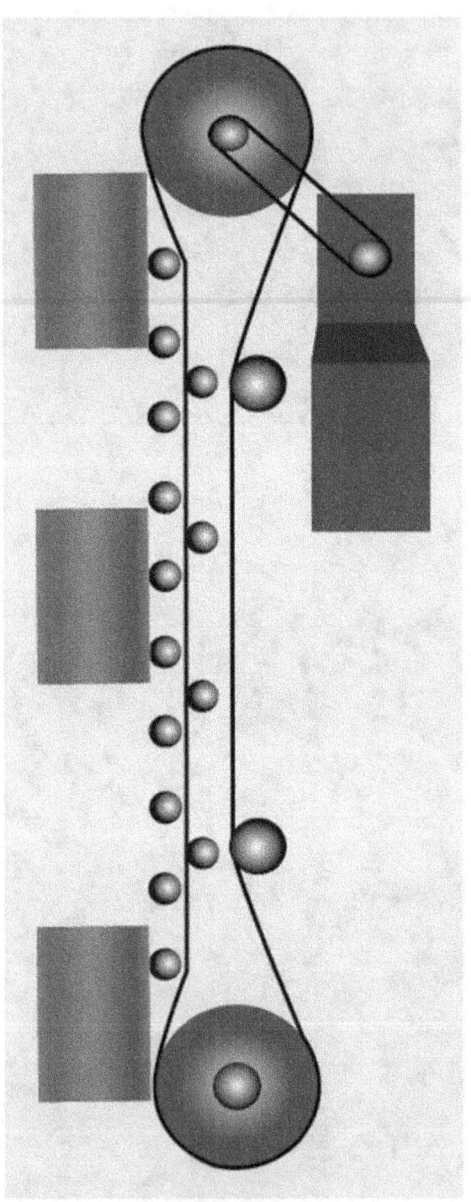

Vista lateral cinta transportadora

Grupo motriz

- Simple con vertido directo.

- Con dos cabezas motrices en tándem.

- Con cabeza de vertido.

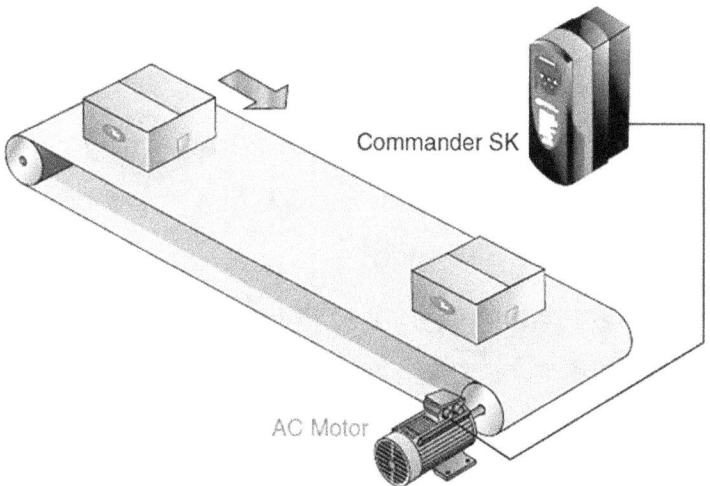

Detalle Grupo motor cinta transportadora

Partes motor

- Reductor.

- Sistema anti-retorno.

- Freno.

- Acoplamiento de baja y alta velocidad.

- Tipos motor

- Los más usados son los motores de C.A. asíncronos, quedando en desuso los C.C. y los de C.A. síncronos.

Tambores

- Los diámetros de los tambores van desde 200 mm. a 1200 mm.
- Las longitudes van desde 500, 1250 mm. y estas longitudes son un 50 mm. mayor estas longitudes son unos 50 mm. mayor que la anchura de banda.
- Los tambores son de chapa de acero y pueden ir recubiertos de caucho para mejorar la adherencia de la banda.
- El diámetro del tambor depende de su función.

Bastidor

Utilizado como soporte de los elementos de la cinta, están generalmente construidos con perfiles de hierro, sus formas geométricas son variadas y se adaptan a cada caso en particular.

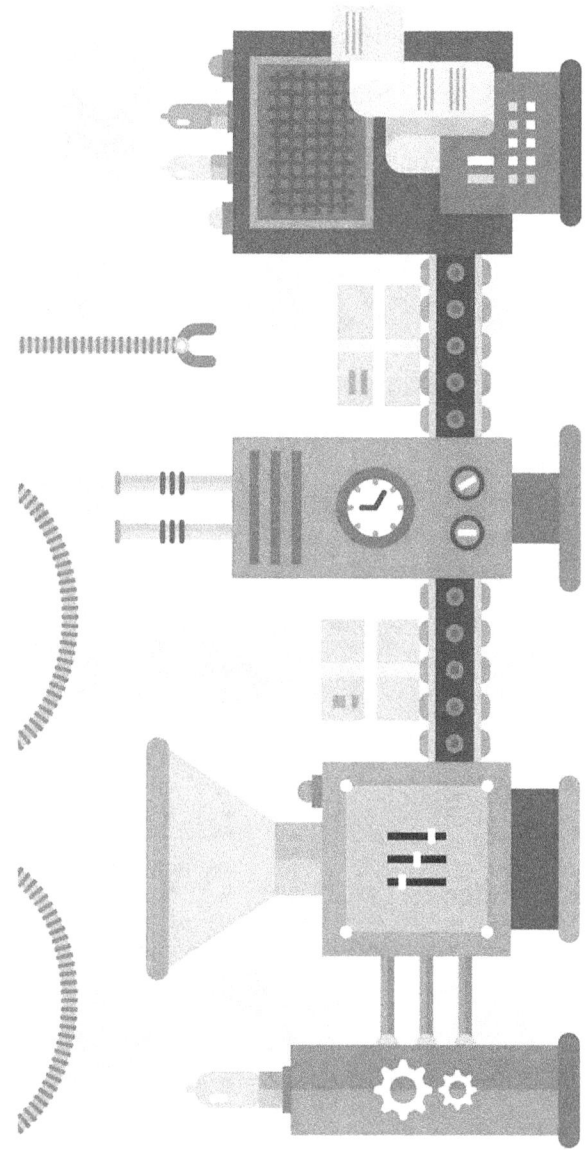

Cálculos

- · Datos de entrada.

- · Elemento a transportar.

- · Densidad: tonelada/metro cúbico.

- · Grado de Abrasión.

- · Tiempo funcionamiento: 6 horas.

- · Capacidad de Transporte: t/h.

- · Inclinación: º

- · Ancho de Banda: mm.

- · Tambor.

- · Angulo Abrace: º

- · Tripper.

- · Fricción.

- · TMA: mm.

Datos de entrada

- · TMA: mm.

- · Irregularidad de la Carga: I%

- · Gs, Gi (peso de los grupos superior e inferior) = Kg.

- · Ángulo beta: º

- · Ángulo landa: º

Velocidad de la banda

La velocidad de la banda es muy importante en el resultado final, ya que de ella van a depender los valores de potencia y de tensiones, así como de la seguridad del producto a transportar.

Excesivas velocidades pueden ocasionar acumulaciones de producto en el suelo por salpicaduras.

Capacidad media del transporte

$Q_t = Q_m \cdot$ densidad $\cdot$ irregularidad de la carga $\cdot$ K $\cdot$ R $\cdot$ velocidad

Capacidad de transporte

Siendo la capacidad media de transporte en Tm/h, la capacidad teórica unitaria en m³/h," K" y "R" dos coeficientes correctores. I= irregularidades.

Velocidad

$$v = \frac{Q_t}{Q_m \; x \; \rho \; x \; I \; x \; K \; x \; R}$$

Peso de la banda

$$G_y = B\,(1{,}15 \cdot e + P_L \cdot z)$$

Siendo B el ancho (en metros), P_L el peso por m^2 de capa textil, "e" la suma de los espesores en mm., y "z" el número de lonas.

Potencia banda descargada

$$N1 = \frac{c * f * L * v * (2 * Gg * \cos\delta + Gs + Gi}{75}$$

Potencia banda

- · c= Valor del coeficiente.
- · c= Valor del coeficiente.
- · f= Coeficiente de fricción en los rodillos.
- · L= Longitud de cadena.
- · v= velocidad de la cinta.
- · v= velocidad de la cinta.
- · Gg= Peso de la cinta.
- · Gs= Peso de las piezas superiores.
- · Gi= Peso de las piezas inferiores.

Potencia para mover la banda

$$N2 = \frac{c * f * L * Qt * \cos \delta}{270}$$

Potencia para elevar la carga

$$N3 = \frac{Qt * H}{270}$$

Potencia de los trippers

$$Nt = 2 * Nt0$$

Nt0=Potencia absorbida por el tripper

Fuerza de accionamiento provisional

$$F = \frac{75 * Na}{v}$$

Tensión ramal superior

$$Trs = c * f * L * (2Gg * \cos \delta + Gs)$$

Potencia total

$$Na = N1 + N2 + N3 + Nt$$

Tensión de ramal inferior

$$Tri = c * f * L * (2Gg * \cos \delta + Gi)$$

Tensión para mover la carga

$$Tq = \frac{75 * N2}{v}$$

Tensión elevación de la carga

$$Tv = \frac{75 * N3}{v}$$

Tensión por peso propio de la banda

$$Tg = H * Gg$$

Cables y teleféricos

Definición

Son elementos flexibles de máquinas y aparatos de transporte para elevar carga.

Constituidos por alambres agrupados en cordones, que a su vez se enrollan sobre un alma formando un conjunto apto para cordones, que a su vez se enrollan sobre un alma formando un conjunto apto para resistir esfuerzos de tracción.

Ventajas

- · Peso propio reducido.
- · Mayor velocidad de elevación.
- · Seguridad (rotura progresiva).
- · Seguridad (rotura progresiva).

Desventajas

- · Exigen poleas y tambores más grandes.
- · Mantenimiento importante.

    Revisión.

    Revisión.

    Engrase y lubricación.

Componentes

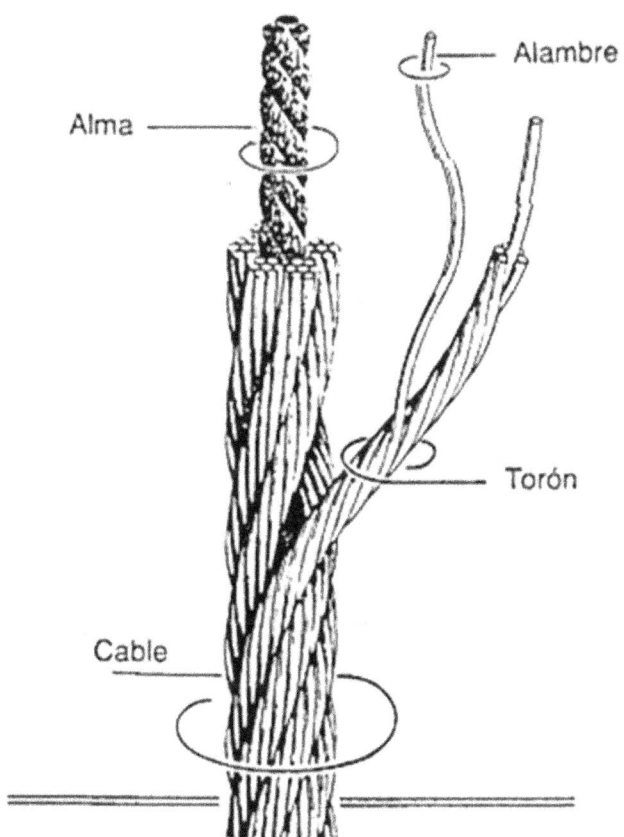

Alambre

Es el componente básico del cable de acero.

Las resistencias de los aceros que constituyen los alambres varían entre 100 y 200 Kg/mm^2 y su elección dependerá del uso al que se destine el cable final.

Cordón

Está formado por un número de alambres de acuerdo a su construcción, que son enrollados helicoidalmente alrededor de un centro, en una o varias capas.

Alma

Es el eje central del cable donde se enrollan los torones o cordones.

Esta alma puede ser de acero, fibras naturales o de polipropileno.

Cable

Es el producto final que está formado por varios cordones, que son enrollados helicoidalmente alrededor de un alma.

Tipos de arrollamiento

Cruzado (Regular Lay)

Ventajas:

- Fácil manipulación.
- Menor tendencia a girar y descablearse.
- Mayor resistencia a aplastamiento y deformaciones.

Arrollamiento Lang.

Ventajas:

- · Gran resistencia al desgaste.
- · Gran resistencia al desgaste.
- · Gran flexibilidad.

Arrollamiento alternado

Ventajas:

- · Gran resistencia al desgaste.
- · Gran flexibilidad.

Cortavientos

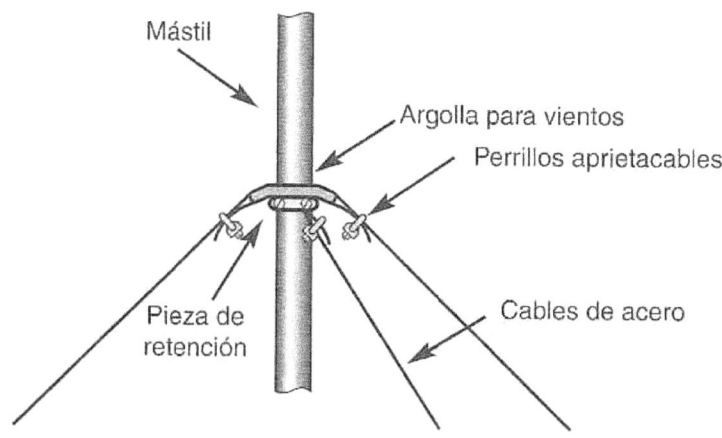

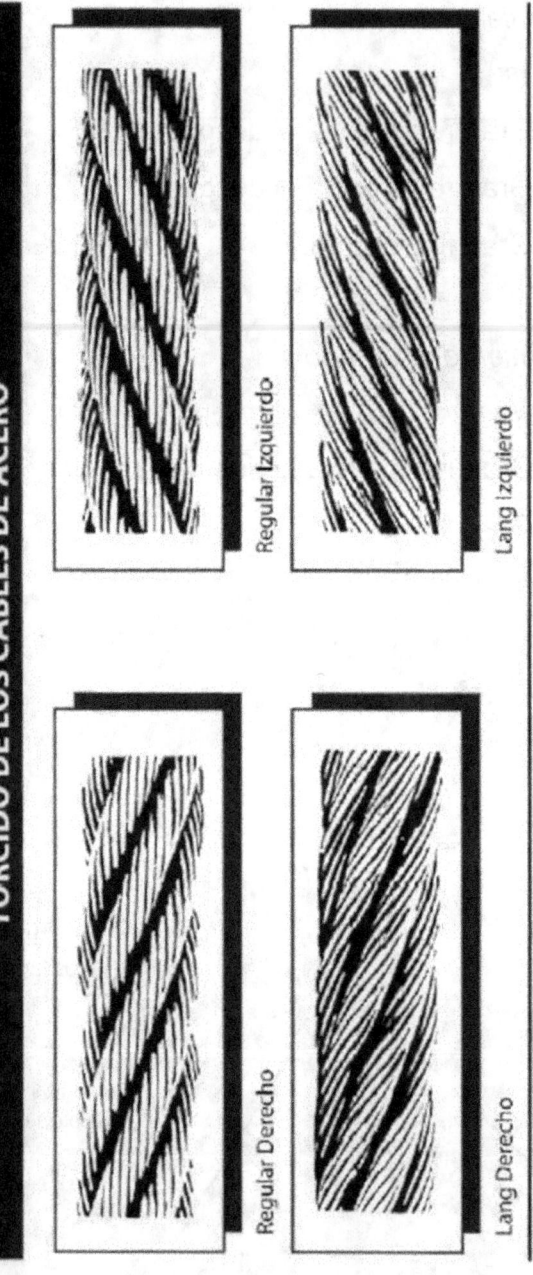

TORCIDO DE LOS CABLES DE ACERO

Regular Izquierdo

Lang Izquierdo

Regular Derecho

Lang Derecho

Cortavientos

Son cables de acero paravientos, diseñados especialmente para arriostrar antenas de todo tipo.

Las cuerdas de acero trenzado para vientos, fabricadas en acero galvanizado tienen unas características de alta carga de rotura y elasticidad mínima, que permiten un tensado óptimo y su uso en instalaciones de antenas de todo tipo.

Los cables para vientos tiene una composición 1X7+0 en una gama de diámetros de 2, 3 y 4 mm.

Estos cables paravientos, técnicamente llamados cordones, pueden ser usados en la protección de antenas frente a vientos fuertes, temporales y otros fenómenos atmosféricos.

Apoyo cable

Extremo del cable donde se sujeta el mismo a una base del suelo.

Denominado Cáncamo en el siguiente esquema.

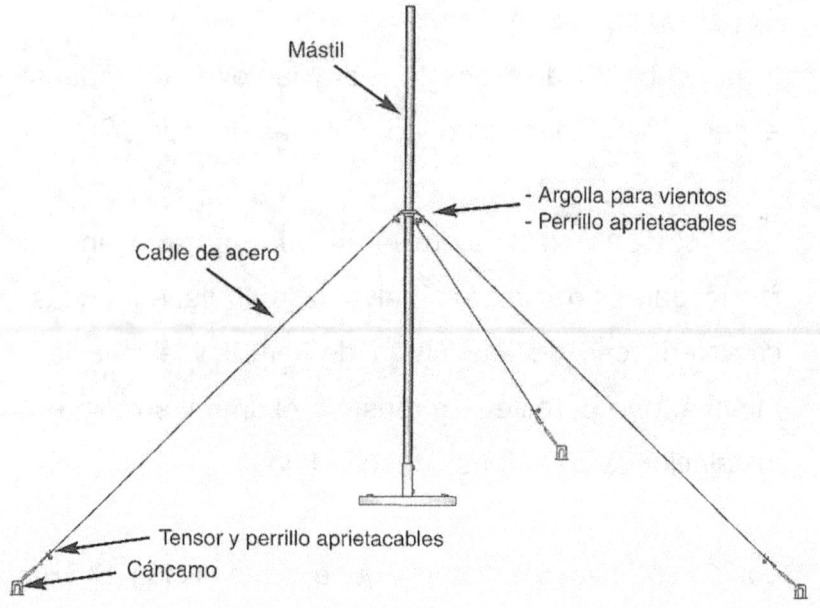

Mástil

- Argolla para vientos
- Perrillo aprietacables

Cable de acero

Tensor y perrillo aprietacables

Cáncamo

Designación

Se denomina con tres cifras:

· Número de cordones del cable.

· Número de alambres que forman el cordón.

· Número de almas.

Tipos de cable

Igual diámetro

Tema 6; cables y teleféricos

Alambres de forma circular.

Cada capa posee +6 alambres que la capa precedente.

Distinto diámetro

- · Seale.
- · Warrington.
- · Filler wire.
- · Warrington-Seale.

Clasificación de cables

Tipo Seale

Composición de cable en la que los hilos o alambres de las dos últimas capas en el cordón están dispuestos en igual número, por cuya causa son de diferente diámetro.

Filler-Wirer

También denominado (relleno).

El tipo filler se distingue por llevar, entre dos capas de alambres, otros hilos más finos para rellenar los huecos existentes entre las mismas.

Se construye este tipo de cordón cuando la utilización del cable exige una mayor sección metálica y más capacidad de resistencia al aplastamiento.

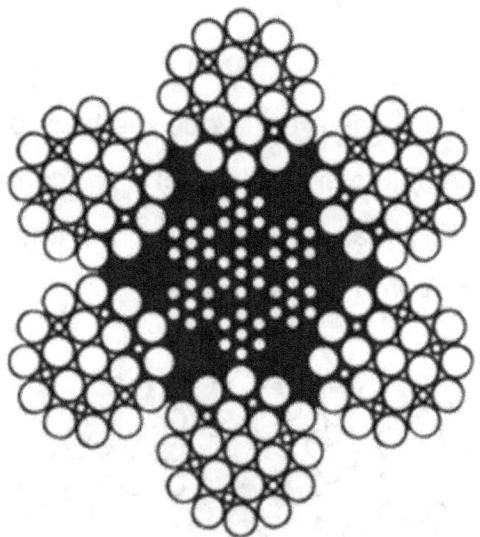

Tipo Warrington

El cordón Warrington se caracteriza por tener la capa exterior formada con alambres de dos diámetros distintos (dispuestos en igual número), alternando su colocación dentro de la corona, lo que determina un perímetro muy redondo en los cordones.

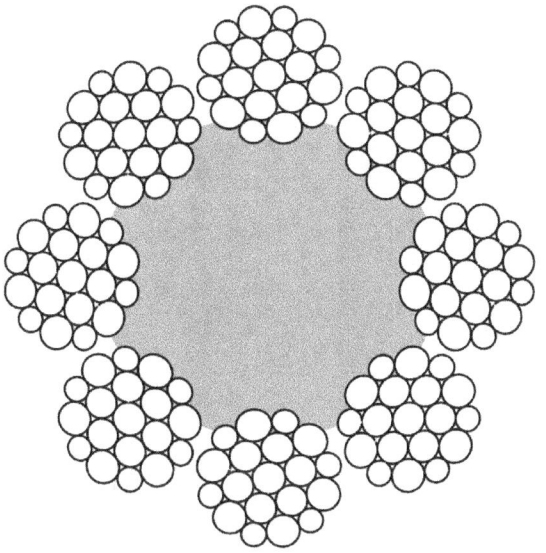

Warrington-Seale

Este tipo de cable posee propiedades específicas de los dos anteriores. Las dos últimas capas tienen el mismo número de alambres (Seale).

Los de la capa exterior son todos del mismo diámetro, mientras que los de la inferior son alternativamente, gruesos y finos (Warrington).

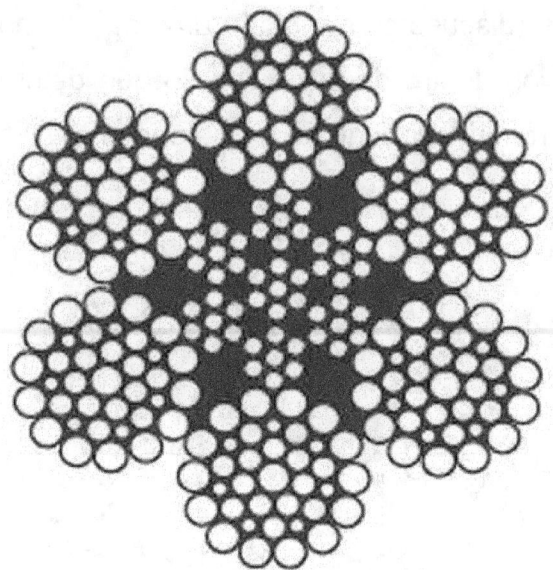

Cálculos del cable

Tracción del cable T

$$T = \frac{Q_u + Q_{es} + F_a}{i \cdot \eta}$$

Tracción del cable (parámetros a considerar)

Qu; Carga máxima nominal del aparato.

Qes: Peso propio del aparejo o elemento de suspensión de la carga.

I: Relación del aparejo.

H: Rendimiento del aparejo.

Fa: Fuerza de aceleración si fuese superior al 10% de la carga.

am: Inclinación del cable en fin de curso si es superior a 22, 5º.

Teleféricos

El teleférico es un medio de transporte por cables.

El teleférico consiste básicamente en cabinas con capacidad para llevar un grupo de personas. Estas cabinas viajan suspendidas en el aire trasportadas por uno o varios cables.

Clasificación

Por el sistema de movimiento.

·   Teleférico unidireccional.

·   Teleférico de vaivén.

Por el número de cables

Teleférico monocable.

Teleférico bicable, pueden tener más de dos cables, tractores, de frenos o auxiliares.

Por la forma de sujeción de la cabina al cable en movimiento

Teleférico de pinza fija.

Teleférico de pinza automática.

Sistema de cables

-Cable carril: que es el encargado de la sustentación de la cabina en el aire, debido a la solicitación de la carga éste se obliga a cambiar su forma, produciendo únicamente esfuerzos de tensión.

-Cable Motriz: Es un cable o un par de ellos, con una trayectoria paralela al cable carril, el cual transmite el movimiento desde el sistema motriz hasta la cabina. En los teleféricos monocables un solo cable hace ambas funciones.

Empalmes de cables

Los cables se podrán empalmar siempre que la longitud de los empalmes sea como mínimo igual a 1200 veces el diámetro del cable.

La distancia mínima entre los dos empalmes será 3000 veces el diámetro del cable.

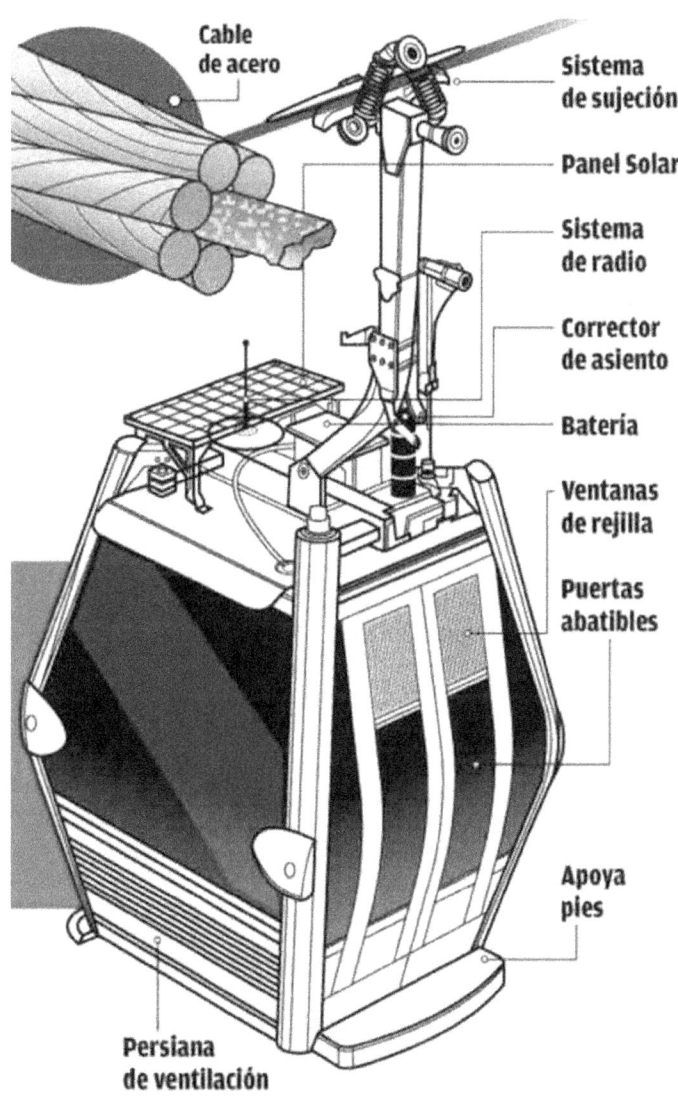

Cable
de acero

Sistema
de sujeción

Panel Solar

Sistema
de radio

Corrector
de asiento

Batería

Ventanas
de rejilla

Puertas
abatibles

Apoya
pies

Persiana
de ventilación

Grúas portuarias

Operaciones portuarias

Mercancía portuaria

Son todos aquellos bienes muebles (que se pueden cuantificar) de comercio o no, exceptuando los efectos personales de los viajeros.

Estiba

Son las diferentes operaciones que se realizan con las mercancías para ubicarlas correctamente en las áreas y zonas de carga, teniendo en cuenta todas las normas de seguridad aplicables en cada las normas de seguridad aplicables en cada operación.

Fases de estiba

1.Entrada de la mercancía hasta la bodega:

Camino seguido desde el muelle y se compone de movimientos horizontales y verticales para desplazar la carga hasta el lugar de almacenamiento.

2. Almacenamiento:

Formas de almacenar la mercancía en bodega para conseguir el máximo aprovechamiento de los espacios de acuerdo con las características de la carga y del barco y de las condiciones de seguridad.

1. Mecanismo de elevación

2. Viga puente

3. Traviesa de cierre

4. Poste

5. Paquete de rodadura

6. Testero

Desestiba

Se denomina así a la operación contraria de la Estiba, es decir, el removido de la carga y su entrega al equipo de descarga para extraer de la bodega del buque la mercancía previamente estibada.

Contenedores

-Dry Van: son los contenedores estándar. Cerrados herméticamente y sin refrigeración o ventilación.

-High Cube: contenedores estándar mayoritariamente de 40 pies su mayoritariamente de 40 pies su característica principal es su sobre altura (9.6 pies).

-Reefer: Contenedores refrigerados de las mismas medidas que el anteriormente mencionado (40 pies) pero que cuentan con un sistema de conservación de frío o calor y termostato.

Otros tipos

-Open Top: de las mismas medidas que los anteriores, pero abiertos por la parte de arriba.

Puede sobresalir la mercancía, pero, en ese caso, se pagan suplementos en función de cuánta carga haya dejado de cargarse por este exceso.

-Flat Rack: carecen también de paredes laterales e incluso, según casos, de paredes delanteras y posteriores.

Se emplean para cargas atípicas y pagan suplementos de la misma manera que los Open tops.

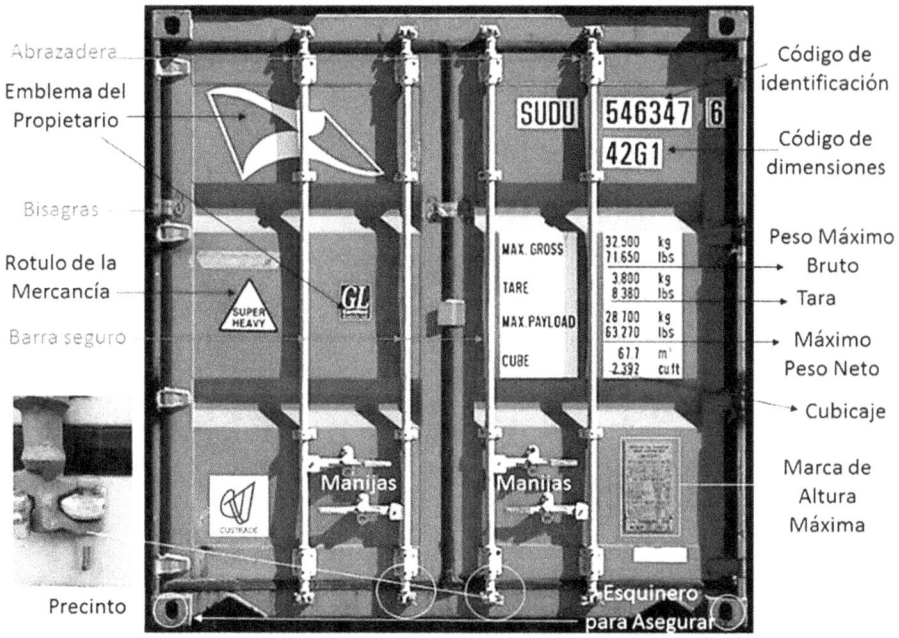

Detalle de los datos técnicos del contenedor

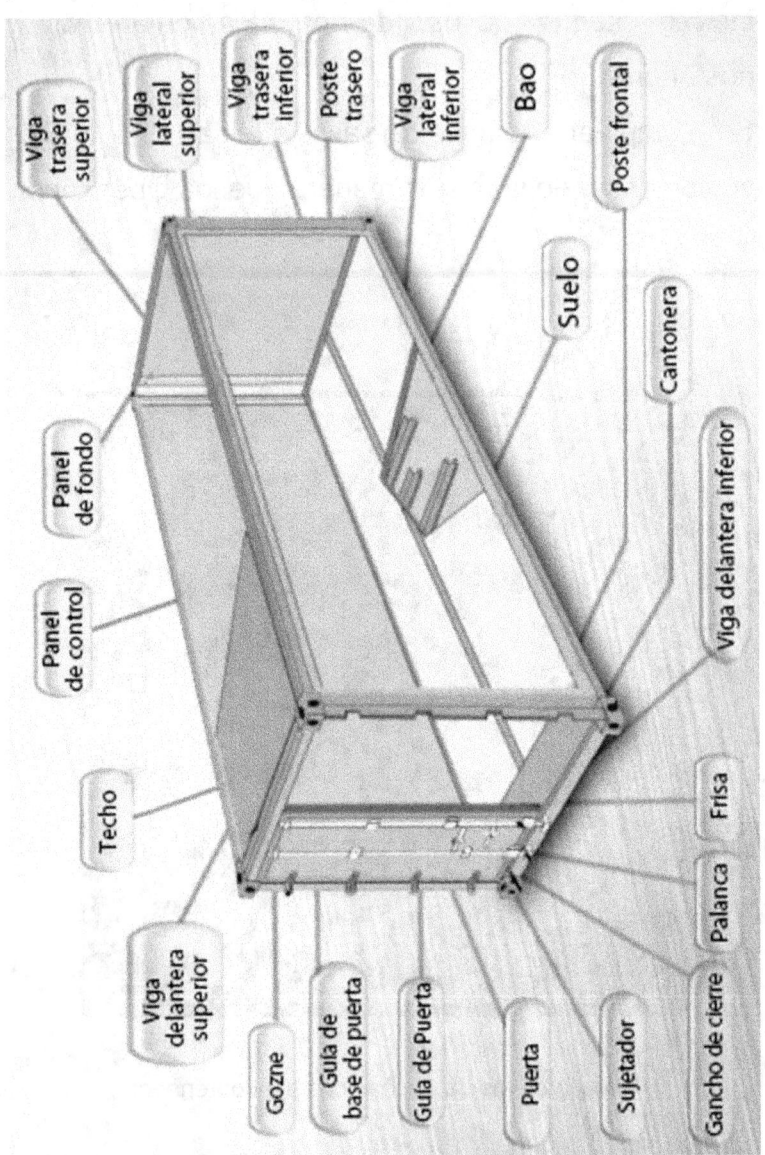

Partes de un contenedor

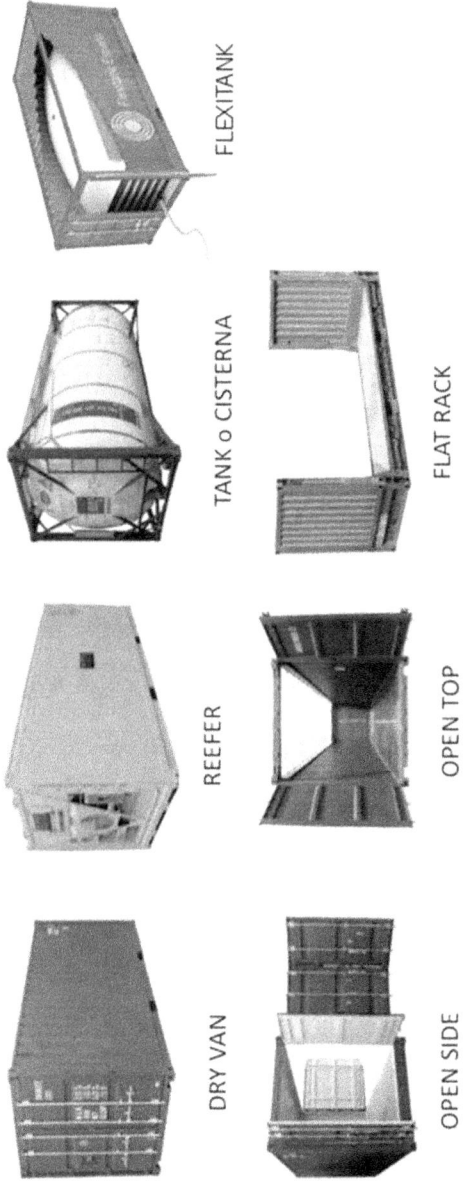

Tipos de contenedores

Tipos de Grúas portuarias

Grandes grúas

Portainer

- · Descarga la mercancía de los barcos fondeados.
- · Principalmente contendores.
- · Utiliza el spreader.
- · Son móviles.

Su tamaño dicta el tamaño máximo de cargueros de contenedores que pueden atracar el puerto.

Su productividad cantidad de contenedores que (cargan o extraen) en una hora determina cuanto se tardará en cargar/descargar un buque.

Movimientos

- · Movimiento de pluma.
- · Movimiento de pluma.
- · Translación de la carga.
- · Elevación de la carga.
- · Elevación de la carga.
- · Translación del pórtico.

Spreader

Elemento para coger y elevar contendores en las instalaciones portuarias.

La estructura está constituida por un cuerpo central, del cual parten cuatro largueros, normalmente viga cajón o doble T, que pueden ser extensibles y que están largueros, normalmente viga cajón o doble T, que pueden ser extensibles y que están unidos dos a dos por vigas testeras de longitud fija.

Motores

- · Elevación carga.
- · Elevación pluma.

Translación pórtico

- · Translación carga.

Transtainer

Manipula contenedores en la terminal, básicamente es un pórtico grúa sobre ruedas o sobre raíles.

Pequeñas grúas

Elementos grúas de pequeños tamaños

Polipasto eléctrico.

Polipasto eléctrico.

Corona de giro.

Estructura de acero galvanizado.

Fijación por anclaje mecánico.

Pico pato fija

Modelo de grúa diseñada especialmente para dar servicio de varada a puertos deportivos.

El extremo de la pluma de la grúa en forma de pico, permite poder acceder entre las jarcias y mástiles de las embarcaciones veleras.

Alcance de 4 a 5.5 metros.

Capacidad de carga hasta 12 t.

Pico pato variable

Este modelo de grúa ha sido concebido y diseñado para dar servicio en trabajos de varada, reparación y mantenimiento de embarcaciones de hasta 10 Tm.

Alcance: 2.5 a 10m

Grúa cartela

Grúa especialmente concebida para las Grúa especialmente concebida para las operaciones habituales de manutención y reparación de embarcaciones de pesca, con capacidades de carga comprendidas entre 5 y 12 T.

Alcance: 6 a 12m

Grúas ligeras

Grúa sencilla, de fácil manejo, para la varada de pequeñas embarcaciones como motos acuáticas y vela ligera. Por sus reducidas dimensiones, es perfecta para instalaciones con espacios limitados para instalaciones con espacios limitados donde se realizan actividades náuticas con este tipo de embarcaciones. Las capacidades de carga varían entre los 500 y 1.000 kg.

Travel Lift

Definición

Grúa motorizada que se utiliza para sacar barcos fuera del agua y llevarlos a su punto de varada en el dique seco.

Dispone de dos eslingas que se utilizan como puntos de apoyo para poder izar el Dispone de dos eslingas que se utilizan como puntos de apoyo para poder izar el barco.

Uso

Pueden utilizarse en todos diques para operaciones de arrastre y botadura.

Permite alcanzar la perfecta alineación de las ruedas en cualquier condición.

Rampas Ro-Ro

En Instalaciones portuarias es la instalación con rampa cuya función es enlazar con el buque para la descarga del parque móvil.

También se pueden utilizar para trabajos en el agua.

Parámetros de instalación

- · Movimientos de marea, corrientes.
- · Fuerza y dirección del viento.
- · Tipo de olas.
- · Condiciones del suelo y del fondo.
- · Facilidades de atraque.
- · Colisión, protección, etc.
- · Atraque de varios barcos para su carga y descarga simultánea.

Características de la Grúa Pórtico

Partes principales de la Grúa Pórtico

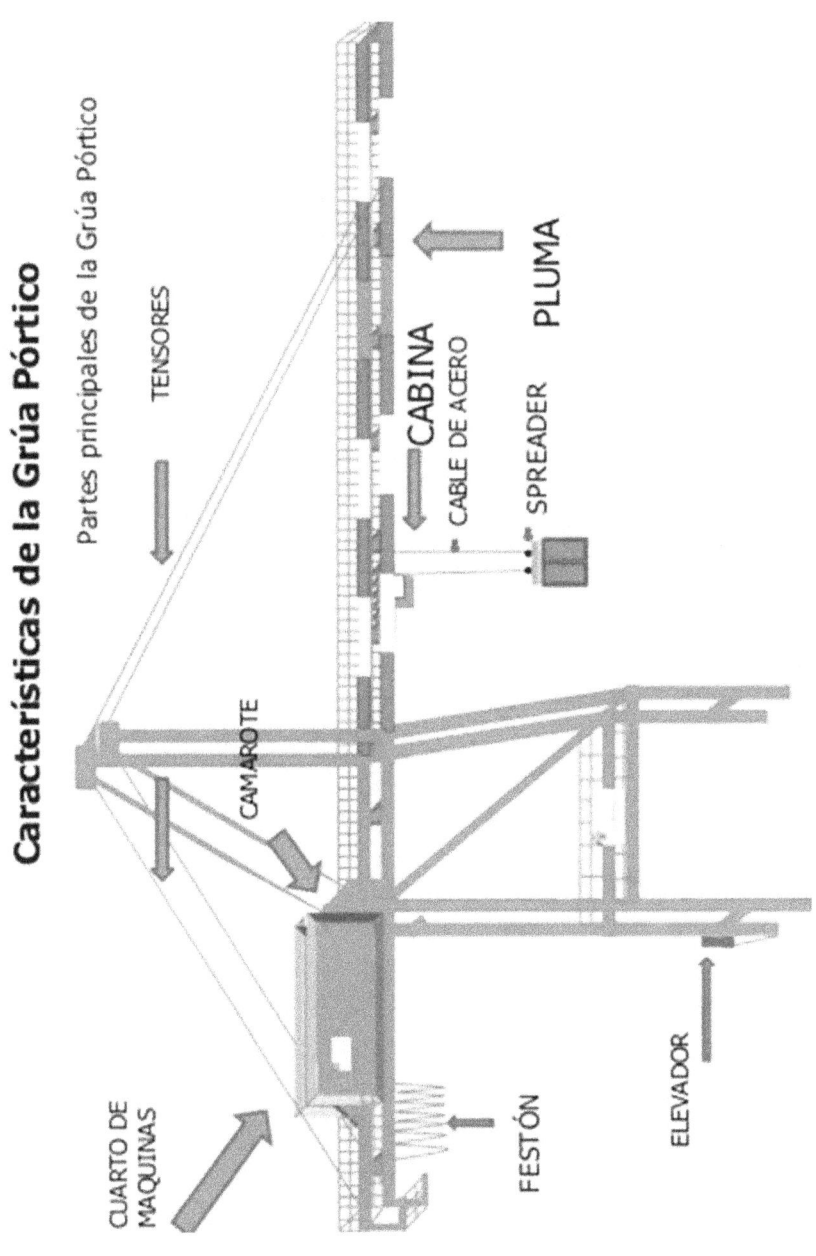

TENSORES

CABINA

CABLE DE ACERO

SPREADER PLUMA

CAMAROTE

CUARTO DE MAQUINAS

FESTÓN

ELEVADOR

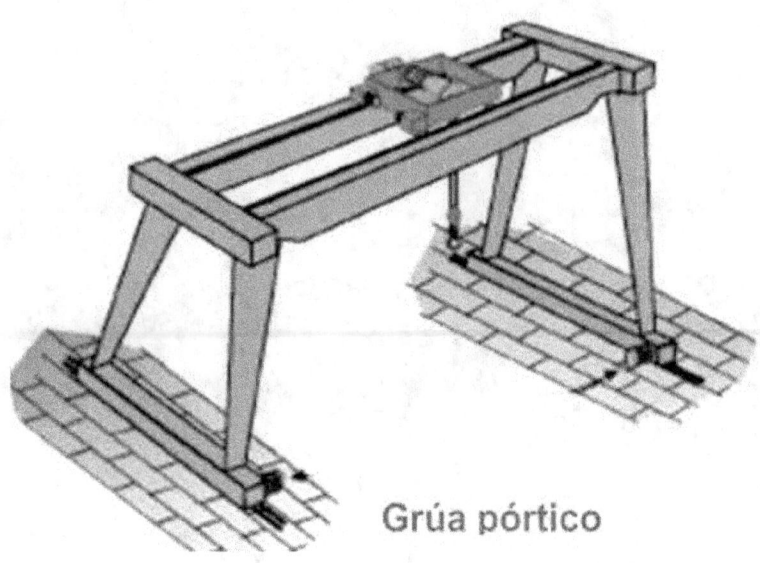

Grúa pórtico

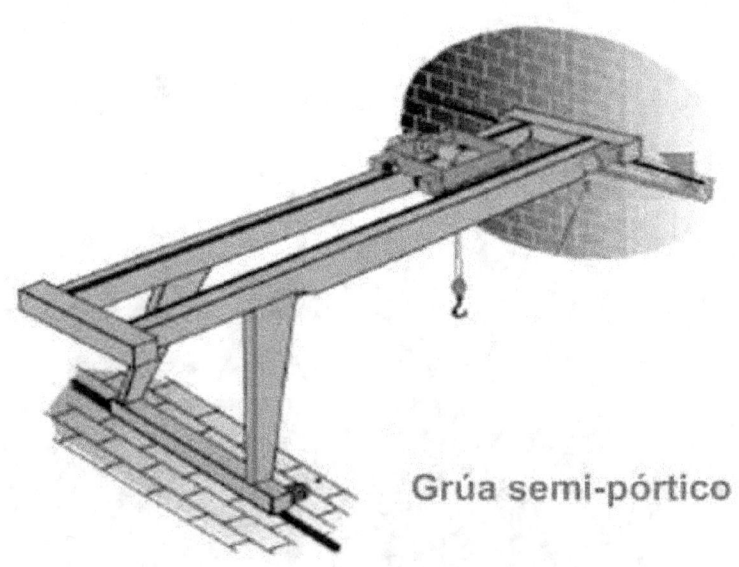

Grúa semi-pórtico

Grúa ménsula

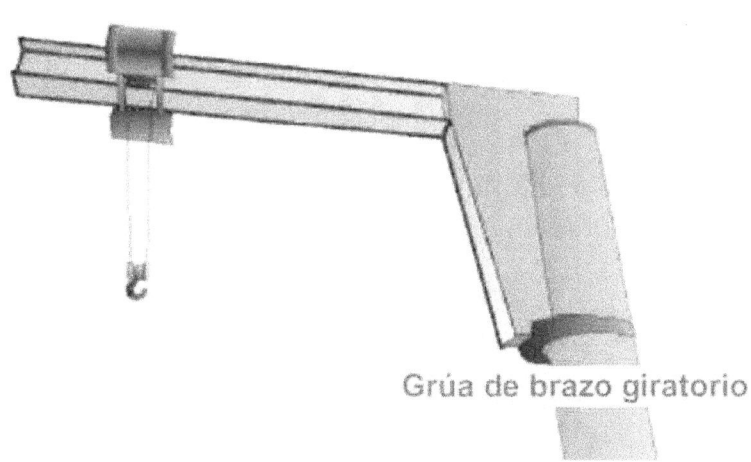

Grúa de brazo giratorio

Proyectos prácticos
Proyecto Grúa Torre

Introducción

Una grúa torre es una grúa pluma orientable en la que el soporte giratorio de la pluma se monta sobre la parte superior de una torre vertical, cuya parte inferior se une a la base de la grúa. *Según la ITC MIE-AEM2 (Instrucción Técnica Complementaria del Reglamento de aparatos de elevación y manutención, referente a grúas torre desmontables para obras).* La instalación de una grúa torre, ya sea desmontable para obra o autodesplegable, pero con un momento nominal superior a 15 kN·m, requiere la redacción de un Proyecto de Instalación.

Objetivos

Una vez que el alumno lea con detenimiento este artículo, será capaz de: Estructurar de forma adecuada los contenidos de la documentación preceptiva para la instalación de una grúa torre.

Gráfico: Grúa torre de Mn>15 KN·m. Documentación para la incorporación a obra.

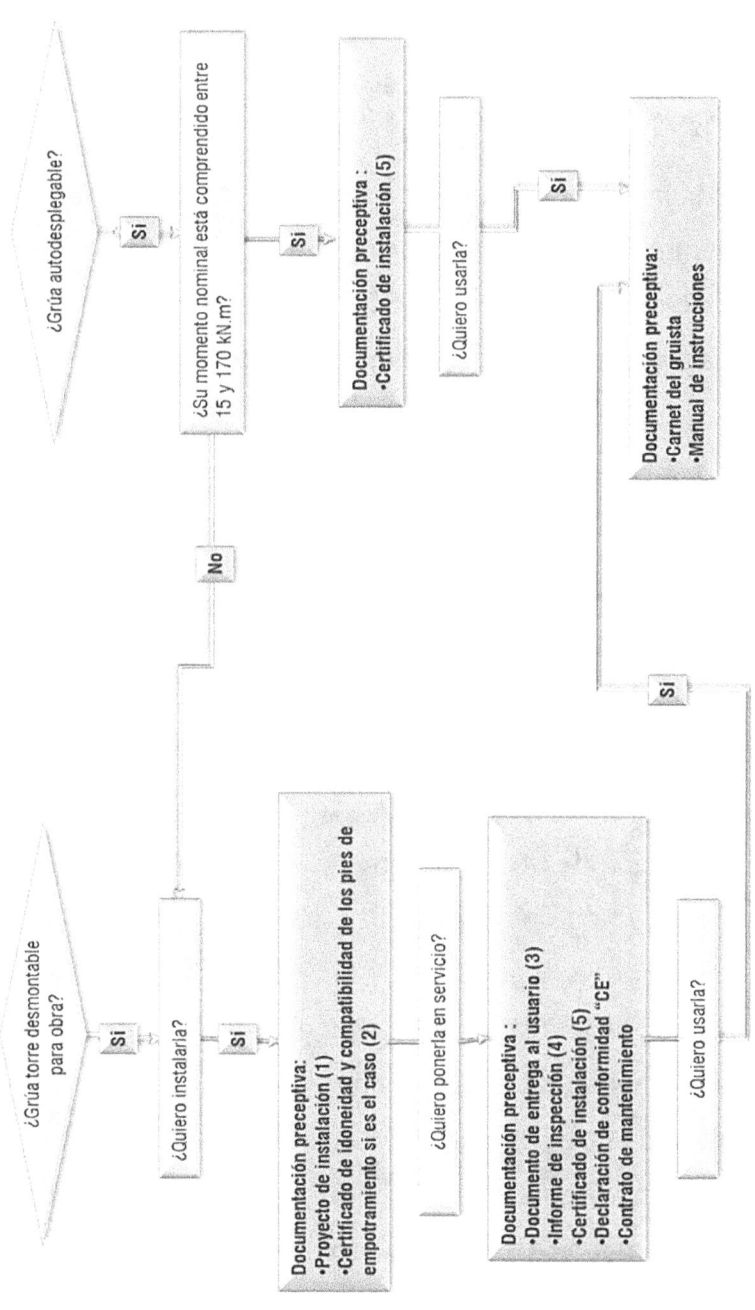

Especificaciones de la normativa

El RD1644/2008 establece las prescripciones relativas a la comercialización y puesta en servicio de las máquinas con el fin de garantizar la seguridad de las mismas y su libre circulación por la Unión Europea, y establece la documentación mínima exigible para la puesta en servicio de cualquier máquina:

· Marcado CE

· Declaración de conformidad CE

· Manual de instrucciones para el montaje, uso y desmontaje de las máquinas.

La ITC MIE_AEM2 es la normativa vigente de aplicación a grúas en nuestro país.

Dado el carácter de "desmontable" de las grúas torres, la ITC amplia las exigencias mínimas para la instalación de una grúa torre:

-Para cada grúa comercializada, se le "diseñará" cada instalación a lo largo de su vida útil en función de las exigencias o condiciones de la obra y el entorno, tanto desde el punto de vista dimensional como de capacidad de carga, etc.

-Se trata de una máquina que se trasladará a la obra por piezas. En la propia obra, no en un taller, se montará con la ayuda de otros equipos; se instalarán sus mecanismos y sus dispositivos de seguridad; se realizarán todas las comprobaciones tanto de su funcionamiento mecánico como de sus dispositivos de seguridad.

Por todo ello, la ITC en su artículo 7 dice:

La instalación de los aparatos incluidos en esta ITC requiere la presentación de un proyecto ante el órgano competente de la Administración Pública, suscrito por técnico competente, visado por el Colegio Oficial al que pertenezca. El procedimiento será el fijado por el Real Decreto 2135/1980, de 26 de septiembre, sobre liberalización industrial y Orden de 19 de diciembre de 1980, que lo desarrolla.

El citado proyecto técnico ha de incluir como mínimo lo siguiente:

- Ubicación de la obra.
- Plano de emplazamiento de la grúa torre….
- Marca, tipo y número de fabricación de la grúa.
- Certificado de construcción emitido por el fabricante o importador.
- Alturas de montaje inicial y final.
- Características de pluma y contrapluma.
- Características del contrapeso.
- Características de los lastres inicial y final.

- Sistemas de protección eléctrica y puesta a tierra.

- Diagrama de cargas y alcances.

- Características de las vías de rodadura, en su caso.

- Dispositivos de seguridad.

- Velocidades.

- Cables.

- Altura máxima y autoestable.

- Cargas y distancias admisibles y tipo de reenvío de elevación.

- Tensión de alimentación.

- Datos definitorios de arriostramiento.

- Parámetros diversos.

En dicho proyecto se deberá hacer constar expresamente que el mismo está de acuerdo con lo expresado en cuanto a condiciones de instalación en la norma UNE 58-101-80, parte II «Aparatos pesados de elevación. Condiciones de resistencia y seguridad en las grúas torre desmontables para obras. Condiciones de instalación y utilización».

Efectivamente, este es un listado de mínimos contenidos. Para una adecuada redacción del proyecto que asegure la total definición del equipo, de sus condiciones de montaje, instalación, uso, mantenimiento y desmontaje, estos contenidos mínimos deben ser complementados.

Estudiaremos el procedimiento de redacción del proyecto y de tramitación de la puesta en servicio, así como a los agentes que intervienen. Estaremos entonces en condiciones de elaborar una propuesta de contenidos del proyecto adecuada y suficiente.

Agentes intervinientes

Nuevamente nos referimos a lo especificado en la ITC MIE_AEM2 en lo que a los agentes que intervienen en este proceso se refiere.

A todos los efectos, lo que la ITC llama usuario será la persona física o jurídica que decide la incorporación de la grúa como equipo de producción necesario en su obra, esto es el contratista. Será el titular de la instalación y a su nombre figurará el proyecto de instalación que él mismo habrá encargad. Y en su nombre se solicitarán todos los permisos necesarios para la puesta en servicio del equipo.

PROMOTOR		

Contratista principal (titular de la instalación y usuario de la grúa)	Redactor del proyecto Director de obra Director de la ejecución

Técnico competente (redacción proyecto)	Comercial (alquiler de la grúa)	Instalador (montaje de la grúa)	Organismo de Control Autorizado OCA (inspección técnica)

Agentes intervinientes en la instalación y puesta en servicio de una grúa torre

Documentación necesaria para la instalación

Para la instalación

-Proyecto de instalación

-Certificado de idoneidad y compatibilidad de los pies de empotramiento

Para la puesta en servicio

-Documento de entrega al usuario

-Informe de inspección

-Certificado de instalación

-Declaración de conformidad "CE"

-Contrato de mantenimiento

Documentación para el uso

-Carnet del gruista

-Manual de instrucciones

El Proyecto de instalación

El técnico redactor del proyecto, no necesariamente incluido en la Dirección Facultativa de la obra, necesitará de una serie de datos previos para poder redactar el documento en todas sus partes.

Si hiciésemos un paralelismo con un proyecto de ejecución, la contrata, que será el titular de la instalación, deberá como "promotor" de la instalación, manifestar al técnico redactor sus necesidades a cubrir con la grúa. Asimismo, le dará todas las indicaciones al respecto del entorno que puedan influir en la elección del emplazamiento de la grúa y de la definición de los parámetros dimensionales y de carga del equipo. Deberán también acordar fechas clave para la instalación, como el momento del montaje, las fases de obra para cuya ejecución se usará la grúa y finalmente cual es el momento en el que la contrata pretende dejar de utilizar el equipo y por tanto deba ser desmontado. La elección del modelo de grúa y sus parámetros de carga, así como los útiles necesarios para la elevación delos distintos materiales, no podrán ser correctamente establecidos si no se tiene un exhaustivo conocimiento de los procedimientos de trabajo previstos en la programación temporal y espacial que el contratista tenga previsto para su obra.

Técnico redactor		
Proyecto de instalación		
Características del proyecto de ejecución del edificio	Condiciones y/o indicaciones de la contrata	Normativa (nacional, autonómica y local)
Superficie de solar Existencia de patios de luces Alturas edificios vecinos Tensión del terreno ...	Implantación de obra Organización de obra Procedimientos de trabajo Zonas de carga y descarga ...	Tramitaciones y permisos Inspecciones Mantenimiento Ocupación de vial ...

Agentes intervinientes en la instalación y puesta en servicio de una grúa torre

Por otra parte, el técnico redactor necesitará conocer datos del proyecto de ejecución, como es la superficie de solar, tipología de cimentación, existencia de patios de luces, alturas de los edificios vecinos, tensión del terreno, cota de firme, etc. El titular deberá facilitar esa información al técnico redactor.

Proceso de redacción - Esquema básico del proyecto

Por su parte, el técnico redactor deberá contemplar en su proyecto todo lo que se refiere a normativa nacional, autonómica y/o local que tenga relación con el montaje, instalación y uso de la grúa torre para la que va a redactar el documento.

Con todo ello, el técnico está en condiciones de comenzar la redacción del proyecto. El esquema básico de este proyecto se debe ajustar a lo que se detalla en el Gráfico.

Propuesta de Índice para el proyecto

Sin embargo, hemos dicho que el anterior era un esquema muy básico y que el listado de la ITC, visto en el punto 3 lo era de mínimos. Nuestra propuesta exhaustiva de contenidos para un proyecto de instalación de grúa torre es la siguiente:

1. MEMORIA

1.1 DATOS DE LA OBRA

1.1.1 Obra

1.1.2 Emplazamiento

1.1.3 Redactor del proyecto

1.1.4 Dirección facultativa

1.1.5 Presupuesto de Ejecución Material del Proyecto

1.2 DATOS DE LA INSTALACIÓN DE LA GRÚA

1.2.1 Propietario

1.2.2 Usuario

1.2.3 Instalador

1.2.4 Redactor del proyecto de instalación

1.3 REGLAMENTACIÓN Y DISPOSICIONES OFICIALES

1.4 NECESIDADES A CUBRIR POR LA GRÚA TORRE

1.4.1 Emplazamiento posible de la grúa torre y tipo de base

1.4.2 Alcance mínimo

1.4.3 Longitudes máximas de pluma y contrapluma

1.4.4 Características del lastre

1.4.5 Alturas de la grúa

2.1 CÁLCULOS JUSTIFICATIVOS DE LA ESTABILIDAD DE LA GRÚA

2.1.1 Cálculo y dimensionado de la cimentación de la grúa

2.1.2 Justificación de la tensión transmitida al terreno

2.1.3 Justificación de la estabilidad de la grúa

2.1.4 Validación de la zapata en relación con el peso del lastre

2.2 JUSTIFICACIÓN DE LA SOLUCIÓN DE ARRIOSTRAMIENTO.

2.3 CÁLCULO Y DIMENSIONADO DE LA INSTALACIÓN ELÉCTRICA DE LA GRÚA

2.3.1 Cálculo de la sección mínima del cable de alimentación

2.3.2 Comprobación de la caída de tensión

2.3.3 Sistema de protección contra sobrecargas y cortocircuitos

2.3.4 Sistema de protección contra contactos indirectos (TT)

3. PRESUPUESTO

4. PLANOS

4.1 Plano de situación de la obra / Ubicación de la grúa

4.2 Plano de la grúa necesaria: Alzado/sección; planta

4.3 Plano de la grúa a instala: Alzado/sección; panta

4.4 Plano de detalle de la grúa: Dispositivos de seguridad

4.5 Detalle constructivo: cimentación de la grúa

4.6 Plano instalación eléctrica. Toma tierra. Esquema unifilar

5. ANEXOS

5.1 Certificado de fabricación.

5.2 Ficha técnica de la grúa.

5.3 Certificado de resistencia mínima del terreno.

5.4 Certificado de fabricación del tramo empotrado en el terreno.

5.5 Relación de toda la documentación preceptiva para el trámite de Instalación y puesta en servicio de grúas-torre según Conselleria de Economía, Industria, Turismo Y Empleo, Servicio Territorial de Industria. Copia de cada uno de los impresos enumerados.

5.6 Impreso municipal para solicitar ocupación (aérea) de vial con grúa torre.

6. ESTUDIO BÁSICO DE SEGURIDAD Y SALUD CORRESPONDIENTE A LA INSTALACIÓN DE UNA GRÚA TORRE DESMONTABLE PARA OBRA.

6.1 Objeto del presente estudio

6.2 Identificación de la obra

6.3 Estudio básico de seguridad y salud

6.4 Fases de la obra a desarrollar con identificación de riesgos

6.5 Relación de medios humanos y técnicos preventivos. Identificación de riesgos

6.6 Medidas de prevención de los riesgos

6.7 Normativa de aplicación

8 Otras consideraciones al respecto del proyecto.

Se deberá presentar en el órgano competente de la CCAA, suscrito por un técnico competente.

Para la redacción del proyecto se deberá tener en cuenta lo establecido en la UNE 58-101-1992.

El plano de emplazamiento y características necesarias del terreno serán facilitadas por la DF al técnico redactor del proyecto de instalación de la grúa.

Cierre

A lo largo de este objeto de aprendizaje hemos analizado todo aquello, agentes, documentación y procedimientos-, que es preceptivo para el montaje, instalación, uso y mantenimiento de un equipo de elevación de cargas en obras de edificación.

Hemos establecido los contenidos mínimos que debe contener el documento principal entre ellos.

Por último, hemos desarrollado de forma exhaustiva estos contenidos elaborando un índice que garantice que el equipo de obra a instalar queda perfectamente definido en todas sus partes y características.

Con ello la empresa constructora estaría en condiciones de comenzar la tramitación necesaria para el montaje de la grúa.

Bibliografía

[1] Real Decreto 836/2003, de 27 de junio, por el que se aprueba una nueva Instrucción técnica complementaria "MIE-AEM-2" del Reglamento de aparatos de elevación y manutención, referente a grúas torre para obras u otras aplicaciones.

[2] Real Decreto 2291/1985, de 8 de noviembre, por el que se aprueba el Reglamento de aparatos de elevación y manutención (BOE núm. 296, de 11.12.1985).

[3] Real Decreto 842/2002, de 2 de agosto, por el que se aprueba el Reglamento electrotécnico para baja tensión.

[4] Ley 2/2012, de 14 de junio de la Generalitat, de medidas urgentes de apoyo a la iniciativa empresarial y a los emprendedores, microempresas y pequeñas y medianas empresas (PYME) de la Comunitat Valenciana (DOCV núm. 6800, de 20.06.2012).

[5] ORDEN de 17 de mayo de 2001, de la Conselleria de Industria y Comercio, por la que se establece el procedimiento de actuación de los organismos de control en la realización de las inspecciones periódicas de ascensores y grúas-torre en el ámbito de la Comunidad Valenciana. (DOCV núm. 4010 de 30.05.2001).

[6] MENÉNDEZ GONZÁLEZ, M. A.: Manual para la formación de operadores de grúa torre. Ed. Lex Nova, 2000-2003. Fundación Laboral de la Construcción del Principado de Asturias.

[7] JIMÉNEZ LÓPEZ, L.: Operador de grúas torre. Ed Ediciones CEAC, 2009. Monografías de la Construcción.

[8] Norma UNE 58-101-92 Parte 2: Aparatos pesados de elevación. Condiciones de resistencia y seguridad de las grúas torre desmontable para obra.

Proyecto Cinta transportadora

Introducción

En la actualidad, el procesamiento de un producto industrial, agroindustrial, agrícola y minero están sujetos a diferentes movimientos, ya sean en sentido vertical, horizontal e inclinados.

Las Cintas o bandas Transportadoras, vienen desempeñando un rol muy importante en los diferentes procesos industriales y esta se debe a varias razones entre las que destacamos las grandes distancias a las que se efectúa el transporta, su facilidad de adaptación al terreno, su gran capacidad de transporte, la posibilidad de transporte diversos materiales (minerales, vegetales, combustibles, fertilizantes, materiales empleados en la construcción etc.).

Es por esta razón que surge la inquietud de realizar el proyecto de la banda Transportadora, en el cual no solo abarcará cálculos de diseños y selección de todos los componentes; si no también se elabora para el lavado de cajas de la empresa Bachoco.

Justificación

En este proyecto que realizaremos es con la finad de mejorar el lavado de cajas en la empresa; ya que no se cumplen en estos momentos con la demanda de las cajas que se utilizan, solo están produciendo una cuarte parte de la producción total de las cajas es por esta causa que se dio a la tarea de construir una banda transportadora donde se emplee un mecanismo que nos ayuda a realizar el lavado de las cajas y lógrenos cumplir con las 10000 a 11000 cajas lavadas diarias.

Historia de las cintas y bandas trasportadoras

Las primeras cintas transportadoras que se conocieron fueron empleadas para el transporte de carbón y materiales de la industria minera. El transporte de material mediante cintas transportadoras, data de aproximadamente el año 1795. La mayoría de estas tempranas instalaciones se realizaban sobre terrenos relativamente plano, así como en cortas distancias.

El primer sistema de cinta transportadora era muy primitivo y consistía en una cinta de cuero, lona, o cinta de goma que se deslizaba por una tabla de madera plana o cóncava. Este tipo de sistema no fue calificado como exitoso, pero proporciono un incentivo a los ingenieros para considerar los transportadores como un rápido, económico y seguro método para mover grandes volúmenes de material de un lugar a otro. Durante los años 20, las instalaciones de la compañía H. C. Frick, demostraron que los transportadores de cinta podían trabajar sin ningún problema en largas distancias. Estas instalaciones se realizaron bajo tierra, desde una mina recorriendo casi 8 kilómetros. La cinta transportadora consistía de múltiples pliegues de algodón de pato recubierta de goma natural, que eran los únicos materiales utilizados en esos tiempos para su fabricación. En 1913, Henry Ford introdujo la cadena de montaje basada en cintas transportadoras en las fábricas de producción de la Ford Motor Company.

Durante la Segunda Guerra Mundial, los componentes naturales de los transportadores se volvieron muy escasos, permitiendo que la industria de goma se volcara en crear materiales sintéticos que reemplazaran a los naturales. Desde entonces se han desarrollado muchos materiales para aplicaciones muy concretas dentro de la industria, como las bandas con aditivos antimicrobianos para la industria de la alimentación o las bandas con características resistentes para altas temperaturas. Las cintas transportadoras han sido usadas desde el siglo XIX. En 1901, Sandvik inventó y comenzó la producción de cintas transportadoras de acero.

Banda Transportadora

Es un aparato para el transporte de objetos formado por dos poleas que mueven una cinta transportadora continua.

Las poleas son movidas por motores, haciendo girar la cinta transportadora y así lograr transportar el material depositado en la misma.

Las cintas o bandas transportadoras se usan extensivamente para transportar materiales agrícolas e industriales, tales como grano, carbón, menas, etcétera, a menudo para cargar o descargar buques cargueros o camiones.

Para transportar material por terreno inclinado se usan unas secciones llamadas cintas transportadoras elevadoras. Existe una amplia variedad de cintas transportadoras, que difieren en su modo de funcionamiento, medio y dirección de transporte, incluyendo transportadores de tornillo, los sistemas de suelo móvil, que usan planchas oscilantes para mover la carga, y transportadores de rodillos, que usan una serie de rodillos móviles para transportar cajas o palés.

Las cintas o bandas transportadoras se usan como componentes en la distribución y almacenaje automatizados. Combinados con equipos informatizados de manejo de palés, permiten una distribución minorista, mayorista y manufacturera más eficiente, permitiendo ahorrar mano de obra y transportar rápidamente grandes volúmenes en los procesos, lo que ahorra costes a las empresas que envía o reciben grandes cantidades, reduciendo además el espacio de almacenaje necesario todo esto gracias a las bandas transportadoras.

Esta misma tecnología de bandas transportadoras se usa en dispositivos de transporte de personas tales como cintas transportadoras y en muchas cadenas de montaje industriales.

Las tiendas suelen contar con cintas transportadoras en las cajas para desplazar los artículos.

Las ventajas que tiene la cinta transportadora son:

-Permiten el transporte de materiales a gran distancia.

-Se adaptan al terreno.

-Tienen una gran capacidad de transporte.

-Permiten transportar una variedad grande de materiales.

-Es posible la carga y la descarga en cualquier punto del trazado.

-Se puede desplazar.

-No altera el producto transportado.

Tipos de bandas transportadora

Bandas transportadoras de goma

Vulcanizado de perfiles

· Para mejorar la capacidad de transporte, sobre todo con grandes inclinaciones se emplean perfiles transversales y bordes de contención.

· Vulcanizamos perfiles de distintos tipos, adaptando su disposición a las características del producto y transportador.

Bandas de goma

-Lisa: para transporte horizontal o de poca inclinación.

-Nervada: para instalaciones de elevado ángulo de transporte.

-Rugosa: alto coeficiente de rozamiento para transporte horizontal y/o inclinado de productos manufacturados generalmente.

Ancho de la banda en mm

En función del tipo existen unos anchos estandarizados.

Son:

Lisa: 300-400-500-600-650-700-800-1000-1200

Nervada: 400-500-600-650-800

Rugosa: Ancho máximo 1200 mm.

Cobertura: se muestra en la tabla 1.

Tabla 1. Característica del caucho para soportar el material a transportar:

REFERENCIA	UTILIZACIÓN
Y Estándar	Soportar el material a transportar.
X Antiabrasivo	Materiales cortantes y de granulometría elevada.
W Muy antiabrasivo	Materiales con gran poder de desgaste, granulometría fina.
G Antiaceite	Resiste el ataque de aceites grasa e hidrocarburos. Al mismo tiempo soporta bien la temperatura, hasta 110°C.
T Anticalórica	En función de la temperatura del producto se elegirá entre 110, 150 ó 170°C, teniendo bien en cuenta la granulometría
A Alimentaria	De color blanco para su uso en la industria alimentaria.
S,K Antillama	Para empleo en minas y ambientes potencialmente explosivos

Banda transportadora de PVC

Explosivos

Se emplean para el transporte interior de productos manufacturados y/o a granel, en la mayoría de los sectores industriales: alimentación, cerámica, madera, papel, embalaje, cereales, etc.

Da acuerdo al tipo de transportador, elegiremos:

- · Trama rígida, para transporte plano.
- · Trama flexible, para transporte en artesa.

Acabado inferior:

- · Cobertura para transporte sobre rodillos.
- · Tejido o grabado (K) para deslizamiento sobre cuna de chapa.

De acuerdo al tipo de producto a transportar se determinará la calidad de la cobertura:

- · Blanca alimentaria (PVC o Poliuretano).
- · Resistentes a grasas y aceites vegetales, animales o minerales.
- · Resistente a la abrasión.
- · Resistente a los cortes.
- · Antillama.
- · Antiestáticas permanentes.

Banda transportadora modulares

Se fabrican con materiales FDA (polietileno, polipropileno y poliacetal), permiten un amplio rango de temperatura de utilización (-70 a 105°C) y presentan las ventajas de su fácil manipulación, limpieza y montaje a la vez que una gran longevidad.

Sus principales aplicaciones son:

- · Congelación.
- · Alimentación.
- · Embotellado.
- · Conservas.

Bandas de malla metálica / teflón

Fabricadas en distintos metales y aleaciones, generalmente están constituidas por espiras de alambre unidas entre sí por varillas onduladas o rectas.

Permiten su utilización en aplicaciones extremas de temperatura (de 180°C a 1200°C).

Corrosión química o donde se requiera una superficie libre determinada.

Tanto por los materiales empleados como por los tipos de banda, las posibilidades de fabricación son infinitas y las aplicaciones más usuales son:

- Congelación, enfriamiento
- Hornos
- Sinterizado
- Filtrado
- Lavado

Componentes de una banda transportadora

a) Estructura soportante: la estructura soportante de una cinta transportadora está compuesta por perfiles tubulares o angulares, formando en algunos casos verdaderos puentes que se fijan a su vez, en soportes o torres estructurales apernadas o soldadas en una base salida.

b) Elementos deslizantes: son los elementos sobre los cuales se apoya la carga, ya sea en forma directa o indirecta, perteneciendo a estos los siguientes:

-Correa o banda: La correa o banda propiamente tal, que les da el nombre a estos equipos, tendrá una gran variedad de características, y su elección dependerá en gran parte del material a transportar, velocidad, esfuerzo o tensión a la que sea sometida, capacidad de carga a transportar, etc.

-Polines: Generalmente los transportadores que poseen estos elementos incorporados a su estructura básica de funcionamiento, son del tipo inerte, la carga se desliza sobre ellos mediante un impulso ajeno a los polines y a ella misma.

c) Elementos motrices: el elemento motriz de mayor uso en los transportadores es el del tipo eléctrico, variando sus características según la exigencia a la cual sea sometido.

Además del motor, las poleas, los engranajes, el motorreductor, son otros de los elementos que componen el sistema motriz.

d) Elementos tensores: es el elemento que permitirá mantener la tensión en la correa o banda, asegurando el buen funcionamiento del sistema.

e) Tambor motriz y de retorno: la función de los tambores es funcionar como poleas, las que se ubicaran en el comienzo y fin de la cinta transportadora, para su selección se tomaran en cuenta factores como:

-Potencia

-Velocidad

-Ancho de banda

-Otros.

Procedimiento y descripción de las actividades realizadas

A continuación, en la tabla 2 se indican las diferentes etapas que se realizaran para el proyecto de lavado de cajas el cual nos va ayudar a cumplir con la producción que se requiere en la organización.

Tabla 2. Cronograma de actividades para el lavado de cajas en la empresa Bachoco:

No.	ETAPAS:	OCTUBRE L-V 4-8	L-V 11-15	L-V 18-22	L-V 25-29	NOVIEMBRE L-V 1-5	L-V 8-12	L-V 15-19	L-V 22-26	L-V 25-29	DICIEMBRE M-V 1-3	L-V 6-10	L-V 13-17	L-V 20-24	L-V 27-31	L-V 3-7
1	Investigar sobre los tipos de lavado de cajas que existen así como las bandas transportadoras que se utilizan															
2	Analizar el proceso de operación de cada uno de los tipos de lavado															
3	Investigar sobre sensores de posición, detección de materiales, encoders, tarjetas de adquisición de datos y motores a emplear															
4	Investigar sobre el tipo de reductores de velocidad, transmisiones y mecanismos															
5	Investigar sobre los diferentes materiales y aleaciones comerciales para la construcción de la banda trasnportadora															
6	Investigar sobre los tipos de rodillos, bandas de caucho, cadenas, orugas, etc															
7	Investigar los componentes químicos empleados en el proceso de lavado de las cajas															
8	Elaboración en Autocad y Catia del diseño de la banda transportadora para el lavado de cajas															
9	Elaboración del prototipo a escala de la banda transportadora para el lavado de cajas															
10	Realizar la requisición del material que se utilizará para la elaboración de la banda transportadora															
11	Construir la banda transportadora para el proceso de lavado de cajas															
12	Analisis del funcionamiento del sistema, pruebas y depuración del mismo.															
13	Elaboración del manual de operación y de usuario del equipo															
14	Elaboración del manual de mantenimiento correctivo y preventivo del sistema.															
15	Entrega del proyecto terminado y listo para la puesta en marcha.															

VACACIONES

Fases del proyecto de lavado de cajas en la empresa Bachoco región sureste

En estas etapas se realizará un análisis de las diferentes bandas transportadoras, así como el lavado de cajas los cuales nos serán útiles para nuestro proyecto.

Así mismo verificar los diferentes componentes de nuestra banda transportadora, con la finalidad de ir adquiriendo cada uno de estos, para que al momento que se empiece a elaborar la banda ya contemos con el material a utilizar.

De igual manera se diseñará el prototipo de la banda transportadora donde se involucrarán todos los componentes para realizar el lavado de cajas. Después de esta fase si iniciara la construcción de la máquina para la implementación en el área de lavado de la empresa Bachoco.

Tomando en cuenta que se requerirá darle mantenimiento al equipo se procederá a elaborar los manuales de esta banda transportadora para su mantenimiento, así como el de su operación como viene indicado en el cronograma que se muestra en la tabla 2 de este proyecto.

Rendimiento y amortización del túnel de lavado.

Problema

Realizar el lavado de por lo menos 11000 cajas diarias en la planta Bachoco Tecamachalco.

Propuesta de solución

Considerando un día laboral de 7 horas diarias teniendo la 8va hora como cambio de turno tenemos un día de trabajo de 21 horas con un paro del sistema de 3 horas de descanso para enfriamiento del equipo y de los datos que obtenemos del problema podemos realizar el siguiente calculo:

6 días a la semana de trabajo x 3 turnos x 7 horas por turno = 126 horas a la semana efectivas para cubrir con las 66000 cajas semanales (11000 diarias), procedemos de la siguiente manera:

- 66000 / 6 días = 11000 cajas diarias
- 11000 / 21 hr. = 523.8 = 524 cajas por hora o bien,
- 66000 / 126 hr. = 523.8 = 524 cajas por hora.
- 524 / 60 min = 8.73 = 9 cajas por minuto.

- 60 seg. / 9 cajas = 6.67 = 1 caja cada 7 segundos.

Este cálculo es el que nos proporcionó los datos para comenzar a diseñar el proyecto del sistema.

Si bien la empresa gasta para esta tarea en personal aproximadamente $10000 a la semana se necesitarían 4 veces más personal para cumplir con lo estipulado en el problema, lo cual nos llevaría a una suma de $40000 a la semana, pero con este proyecto se pretende complementar el trabajo ya hecho por los trabajadores existentes y mejorar el proceso con una mayor velocidad.

El proyecto se calculó con un precio de $ 173,762.
Comparado con los $40000 semanales hablaríamos de que pagarían 5 semanas de trabajo que es lo que aproximadamente tiene el costo la construcción de la máquina.

De modo que si se construyera tardarían en amortizar un sistema de estos en aproximadamente 17-18 semanas, es decir 4 meses y medio.

Por la razón de que los $40000 no existen aún, solo son virtuales, lo que existen son los $10000 de los trabajadores existentes, así que si se emplea el sistema es como si pagaran por adelantado $173,762 así que dividimos dicha cantidad entre lo que se gasta semanalmente con la gente ya trabajando obtendríamos 173762/10000 = 17.37= 18 semanas = 4.5 meses.

Amortización en 18 semanas (4.5 meses).

Descripción del equipo a utilizar en el proyecto Bachoco.

En la tabla 3 se muestra la lista de material que se utilizará en la construcción de la banda transportadora para el lavado de cajas de la empresa Bachoco, planta Tecamachalco.

Tabla 3. Lista de material para construcción de la banda transportadora:

Descripción del equipo	Cantidad
Motoreductor con relación 1:20	2 unidades
Chumaceras de bolas rígidas con diámetro interior de 1 pulgada	10 unidades
25 metros de perfil angular de 1 pulgada 1040	5 barras
65 metros de solera plana de 1 pulgada 1040	16 tiras
25 metros de acero inoxidable AISI 420	9 barras
catarinas de diámetro interior de 1 pulgada con chaveta de sujeción marca skf	12 unidades
45 metros de cadena con pre-lubricado de fabrica marca skf	45 metros
Válvulas hidráulicas de aspersión para alta presión	12 unidades
Manguera de ¾ pulg. Para alta presión	50 metros
Manguera de ¾ pulg. Para alta presión y temperatura	20 metros
Electrodos para acero inoxidable E-308-16	1 paquete
Electrodos para acero E-6011	1 paquete
Bandas dentadas de transmisión en v marca skf	8 unidades
Poleas para banda trapecial skf de 10 pulg y 2 pulg de diámetro	8 unidades
Motor de 2 hp marca siemens monofásico a 1750 rpm	2 unidades
Motor de ½ hp marca siemens monofásico a 1750 rpm	1 unidad
Motobombas de 5 hp alimentación monofásica 110/220	2 unidades
Conexiones para manguera galvanizadas	20 unidades
Contactores a 115/220 volts marca Schneider electric uso rudo	3 unidades
Relee de control marca siemens alimentación a 110/220 volts	4 unidades
Arrancador siemens para motor monofásico con relee de sobrecarga	2 unidades
Interruptor termomagnetico square D de 50 amp. Q0150	1 unidad
Caja de Cable de calibre 10 awg THW color blanco, negro, verde	1 unidad
Discos para corte de acero inoxidable y hierro dulce de 4 pulgadas	5 unidades
Manguera zapa de 1 pulgada de uso rudo con omegas para sujeción	6 metros
Manguera sapa de ½ pulg. De uso rudo con omegas para sujeción	12 metros
Cepillos rotatorios de fibra de polipropileno de 60 y dos de 45 cm.	3 unidades
Tablero de control squere D con 10 kA para corto circuito	1 unidad

Cotización de proyecto Bachoco

En la siguiente tabla se representas la cotización del proyecto de la banda transportadora para la empresa Bachoco planta tecamachalco.

Tabla 4. Cotización del proyecto Bachoco:

Material	Costo
2 motoreductores 1:20	$ 2500,00
10 chumaceras	$ 3000,00
25m de angulo solera	$ 2,500.00
65m de solera plana	$ 4,500.00
25 laminas galvanizadas	$ 3,125.00
25m de acero inoxidable	$ 17,500.00
12 catrinas	$ 11,000.00
45 m de cadena o-ring	$ 13,500.00
12 valvulas hidraulicas	$ 18,000.00
50m de manguera de 3/4 pulg	$ 1,500.00
20m de manguera p/vapor	$ 1,000.00
electrodos p/acero inox	$ 120.00
electrodos p/acero	$ 100.00
8 bandas dentadas	$ 1,600.00
8 poleas	$ 1,600.00
2 motores de 2 hp	$ 7,000.00
1 motor de 1/2 hp	$ 1,000.00
2 motobombas de 5hp	$ 10,000.00
20 conexiones para manguera	$ 1,000.00
3 contactores	$ 900.00
4 relevadores de control	$ 1,400.00
1 interruptor termomagnetico	$ 1,600.00
Caja de cable num. 10	$ 1,000.00

2 arrancadores 3m	$	3.500,00
5 discos para corte	$	400,00
9m de manguera zapa 1 pulg	$	480,00
12m de manguera zapa de 1 2pulg	$	600,00
2 cepillos industriales	$	800,00
Tablero de control	$	950,00
Sub total	$	118.175,00
Mano de obra y otros gastos	$	56.087,50
Total	$	173.762,00

Diseño de la banda transportadora

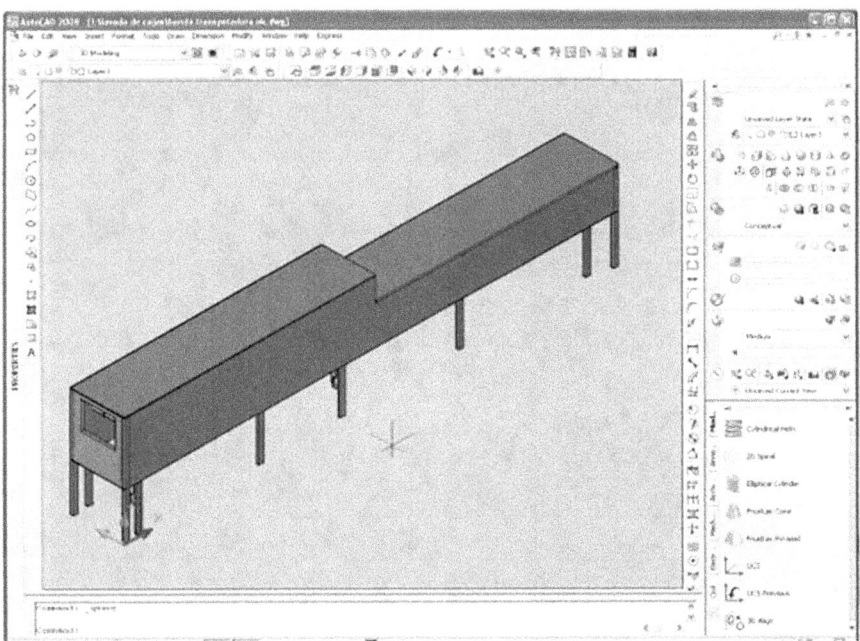

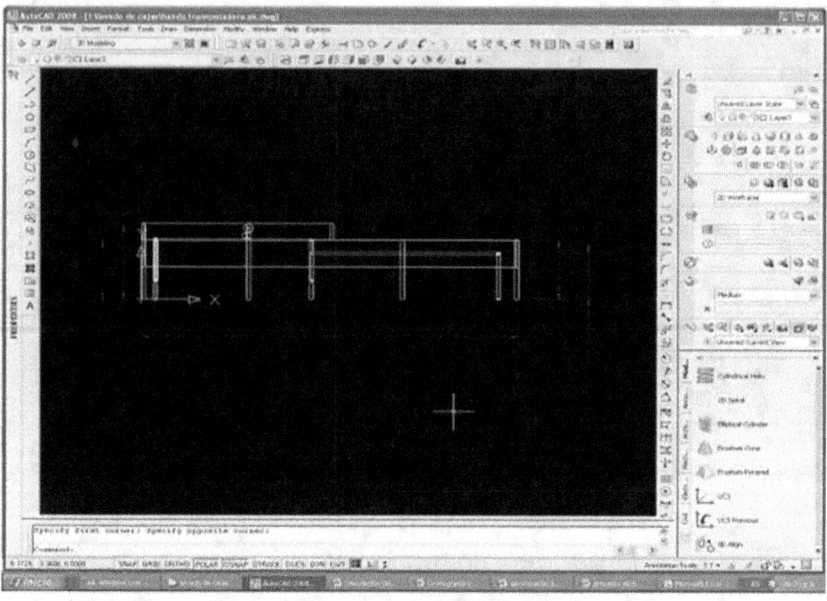

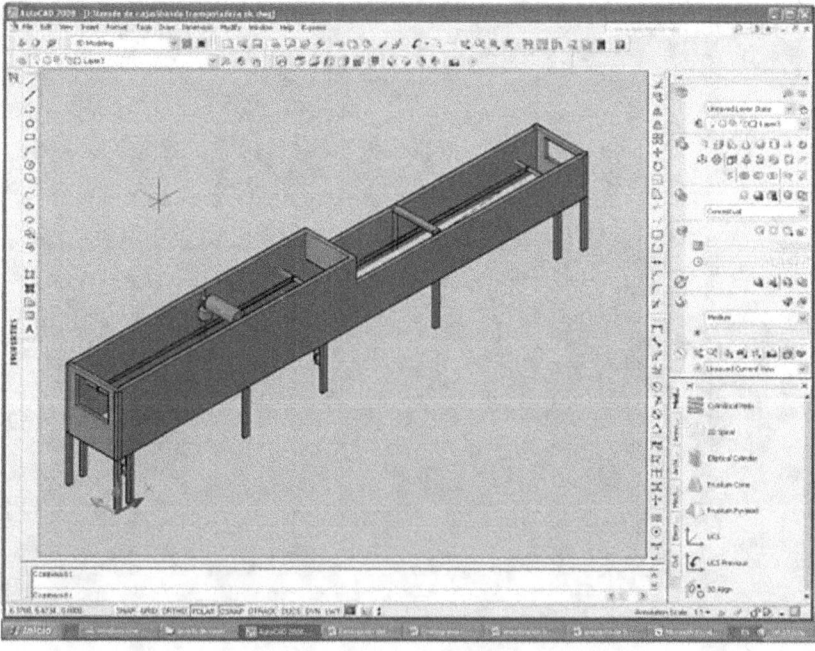

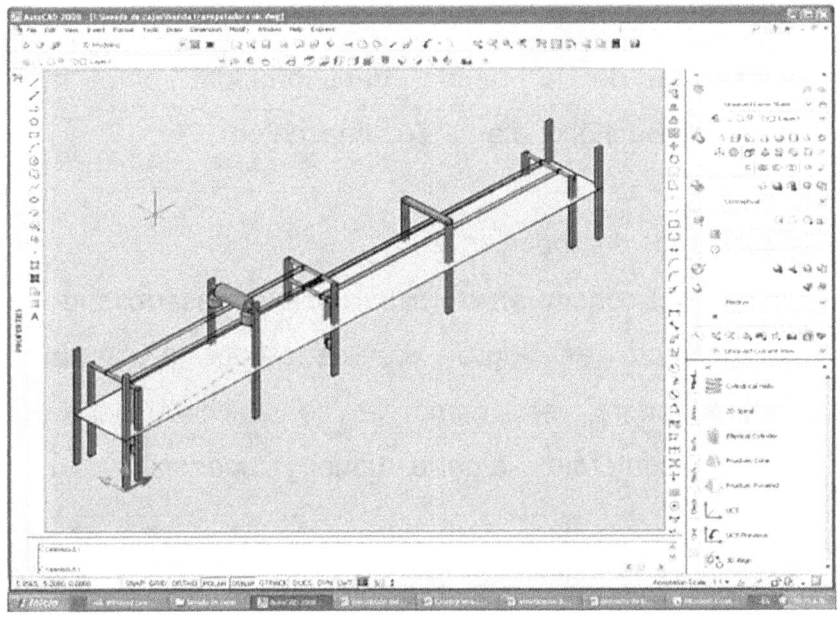

Cronograma de construcción del túnel de lavado

Actividades	Tiempo
Construcción de la estructura	4 días
Montaje de ejes, catarinas y cadenas transportadoras	2 días
Instalación de tuberías para el rociado	4 días
Montaje de los soportes del túnel	2 días
Instalación de de cepillos rotatorios	1 día
Instalación de cableado de motores y arrancadores	4 días
Montaje de las paredes del túnel	2 días
Montaje de transmisión por poleas y motoreductor	2 días
Pruebas del sistema	2 días
Sellado del túnel	1 día
Instalación en planta	4 días
Pruebas en planta	1 días
Entrega del sistema	1 día
Total	28 días

De esta manera se logra la construcción de la estructura de la banda transportadora para la empresa Bachoco, planta Tecamachalco.

Resultados e Impacto

Durante el periodo en el cual se estuvo desarrollando el proyecto se logró el diseño de la banda transportadora, así como la construcción de la estructura laterales, la parte inferior y superior.

Es necesario mencionar que faltó el recubrimiento con la lámina de acero inoxidable, la instalación de los motores, la banda o cadena.

Así mismo cabe mencionar que el proyecto fue suspendido por políticas de la empresa, considerando que estas no pueden ser modificadas por la institución.

Al realizar la construcción de este tipo de sistemas e importa reducir el tiempo del operario en el prelavado de cajas mediante la automatización de su proceso.

Conclusión

Este proyecto de lavado de cajas se realiza con la finalidad de mejorar el proceso de lavado de cajas cumpliendo con una producción de 10000 a 11000 cajas limpias diarias lo cual será fructífero para la empresa; reduciendo así también el tiempo que demoran al ejecutar esta actividad.

Fuentes de Información

Manual de fabricación de bandas y rodillos transportadores.

Proyecto Elevador

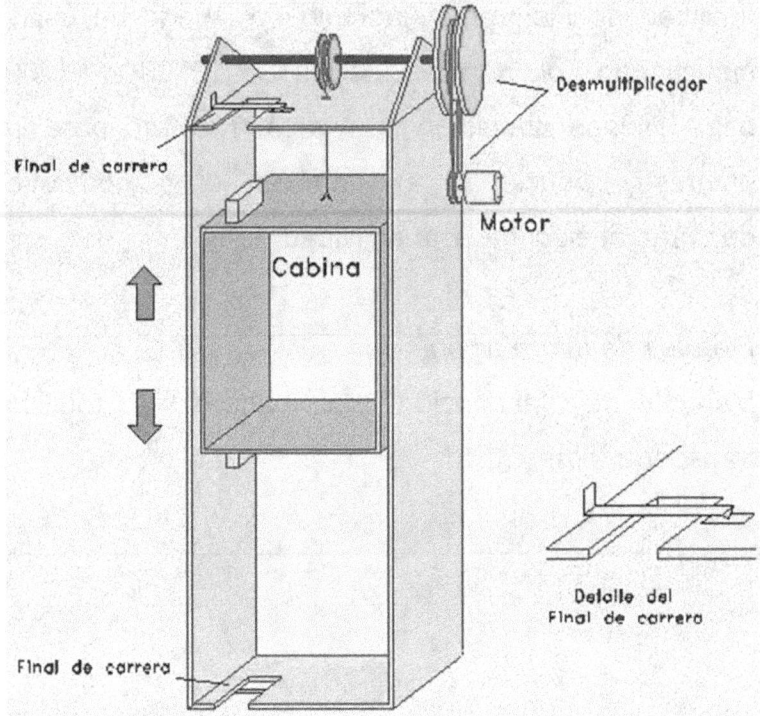

Proyecto final

En todas las épocas ha sido necesario transportar cargas a lugares elevados. Para reducir esfuerzos se han inventado todo tipo de máquinas, como las grúas o los ascensores.

En 1857, el americano Elisha Otis instaló en unos grandes almacenes un ascensor movido por una máquina, de vapor. Los ascensores actuales usan motores eléctricos para elevar la cabina.

Propuesta

Diseña y construye un modelo de ascensor para dos plantas con indicadores luminosos de subida y bajada. (Según figura anterior).

Lista de materiales

- Aglomerado 10 mm. para la base y laterales.
- Contrachapado de 5 mm. para la cabina del ascensor.
- Varilla roscada M4.
- Tuercas y arandelas M4.
- Sinfín, engranaje (40 dientes).
- Motor de corriente continua.
- Finales de carrera (2).
- Relé 8 contactos.
- Interruptor.

Circuito eléctrico

Se partirá de un diseño básico con una llave de cruce, al que se le añadirán progresivamente los operadores necesarios para solucionar los problemas que vayan surgiendo. La finalidad de este planteamiento será conseguir un circuito lo más económico y fiable posible.

Fase 1
Lo que queremos hacer
Invertir el sentido de giro del motor para bajar y subir la cabina.

El circuito
Utilizaremos una llave de cruce de la forma indicada en la figura:

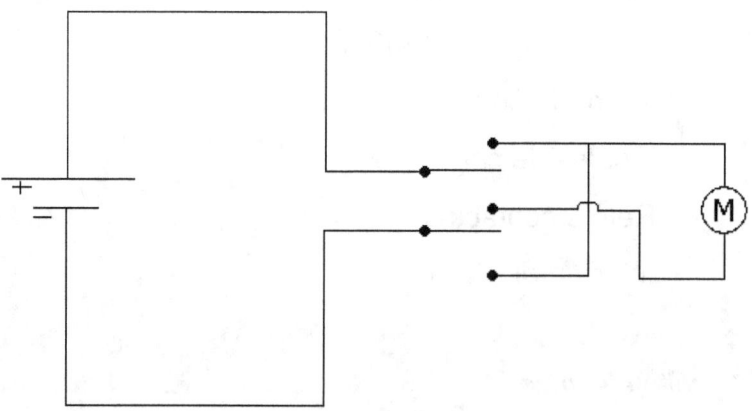

Sistema de transmisión

Estará formado por:

Un sistema sinfín-Piñón, este mecanismo se emplea en mecanismos que necesiten una gran reducción de velocidad y un aumento importante de la ganancia mecánica.

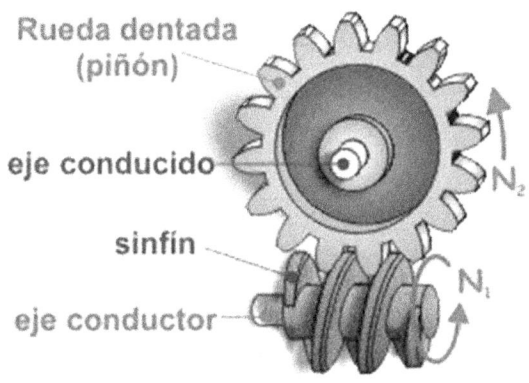

Un mecanismo Tornillo-tuerca: Se emplea en la conversión de un movimiento giratorio en uno lineal continuo cuando sea necesaria una fuerza de apriete o una desmultiplicación muy grande. El sistema tornillo-tuerca presenta una ventaja muy grande respecto a otros sistemas de conversión de movimiento giratorio en longitudinal: por cada vuelta del tornillo la tuerca solamente avanza la distancia que tiene de separación entre filetes (paso de rosca)

por lo que la fuerza de apriete (longitudinal) es muy grande.

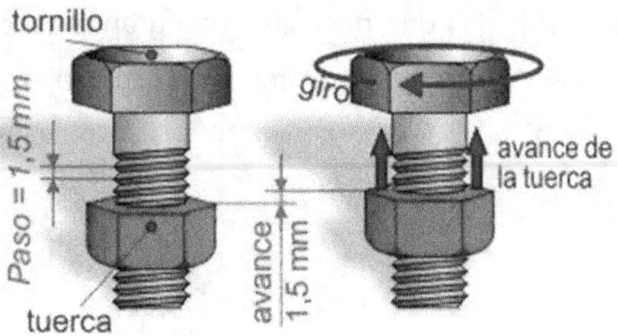

La tuerca ha de quedar fija a la cabina del ascensor, esto se realiza ayudándonos de un taco de madera donde se realiza un agujero con una broca de 6 mm. y a continuación incrustamos una tuerca en dicho agujero a presión (para esta operación nos ayudamos del tornillo de banco).

Problemas de funcionamiento

El conmutador permite subir y bajar la cabina del ascensor, pero cuando ésta llega a uno de sus extremos la parada ha de realizarse de forma visual desconectando manualmente la alimentación del motor.

Solución

Introducir un operador que sea capaz de detectar las dos posiciones extremas del ascensor.

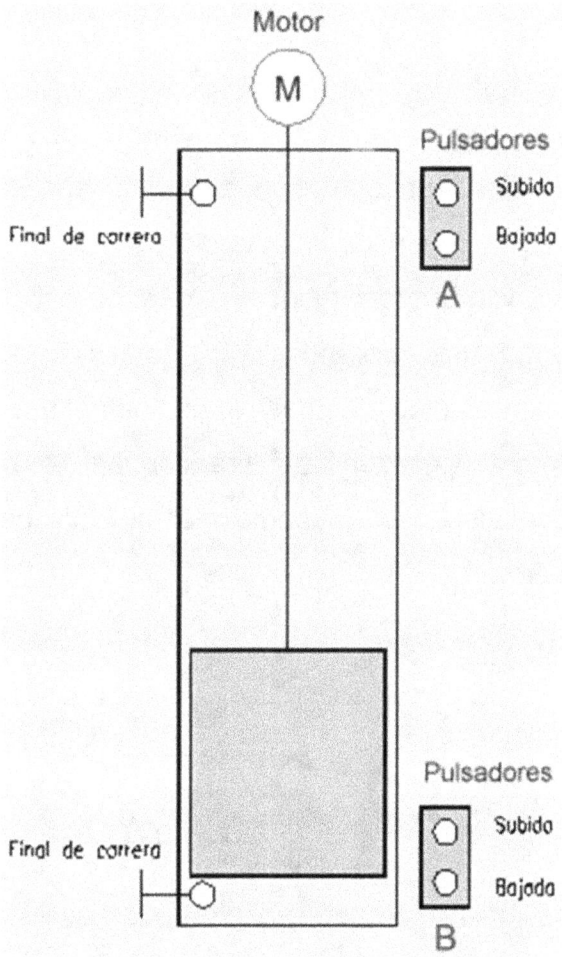

Fase 2

Lo que queremos hacer

Parar de forma automática el motor cuando la cabina se encuentra en las partes superior e inferior del ascensor.

El circuito

Añadiremos un nuevo dispositivo llamado final de carrera. Este es similar un pulsador.

La diferencia entre ambos es que el pulsador es accionado por el operario y el FC es accionado por la propia máquina, en este caso la cabina del ascensor.

Este nuevo operador permitirá conocer la posición exacta del ascensor y condicionar el funcionamiento del circuito.

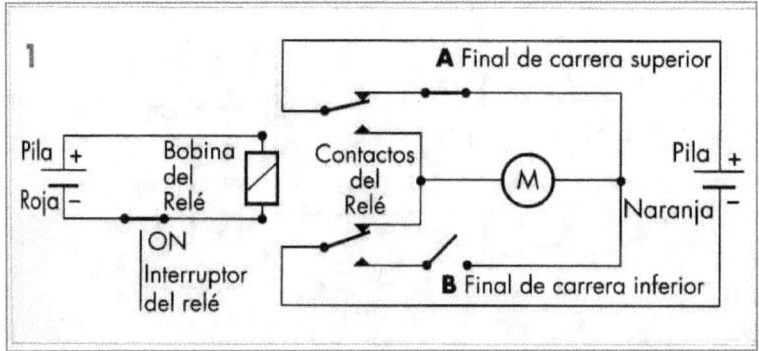

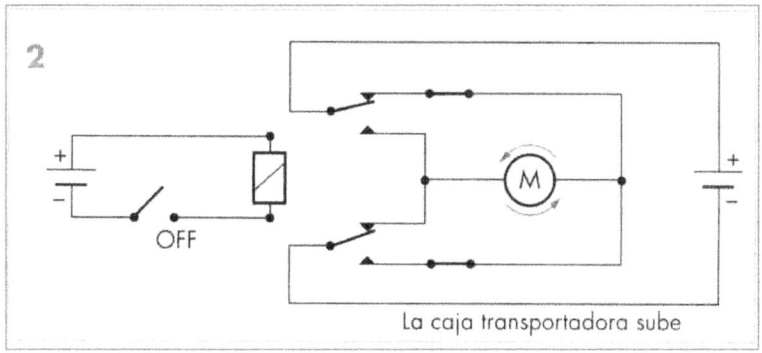

La caja transportadora sube

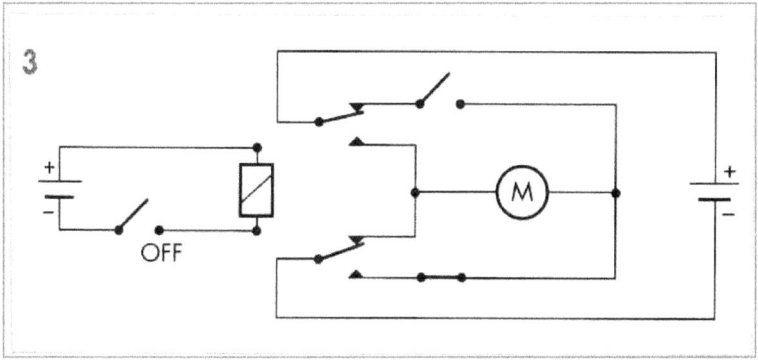

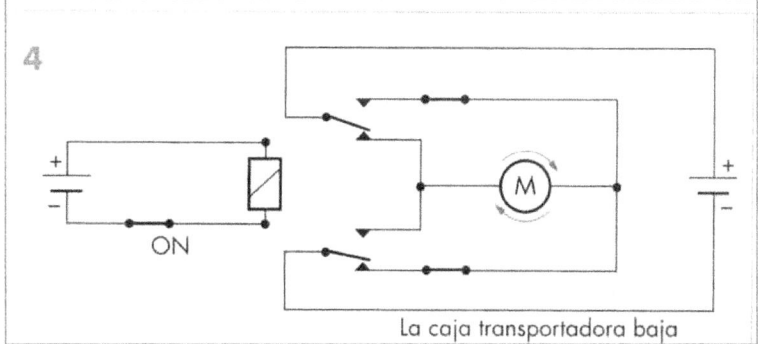

La caja transportadora baja

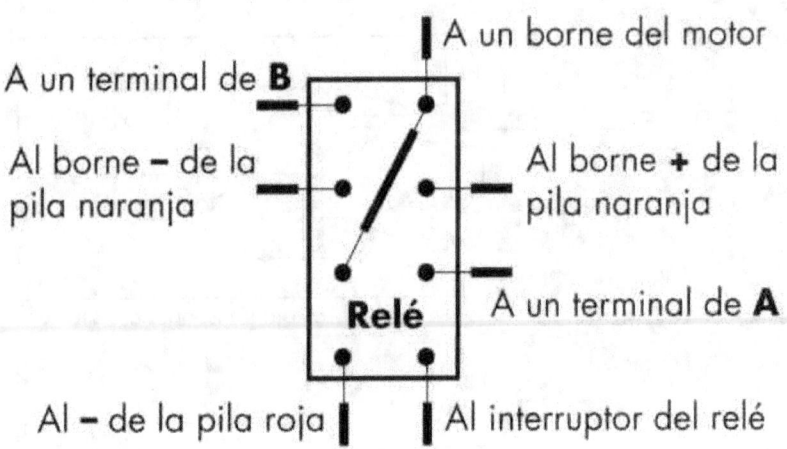

A un terminal de **B**

A un borne del motor

Al borne − de la
pila naranja

Al borne **+** de la
pila naranja

Relé

A un terminal de **A**

Al − de la pila roja

Al interruptor del relé

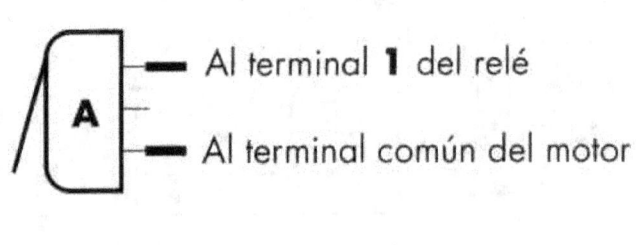

A

Al terminal **1** del relé

Al terminal común del motor

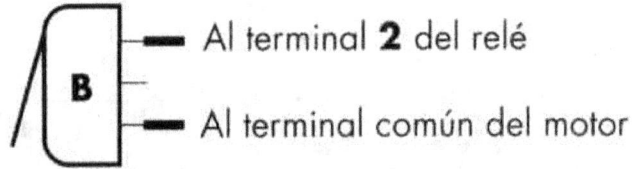

B

Al terminal **2** del relé

Al terminal común del motor

Proyecto Escalera mecánica

Propuesta de trabajo

Diseñar y construir una escalera mecánica para minusválidos, que pueda subir o bajar con solo accionar un pulsador de subida u otro de bajada.

Condiciones

Las dimensiones globales de la maqueta no deben sobrepasar las siguientes medidas: 50 x 40 x 40 cm.

El ángulo de inclinación será de 40°.

Informaciones

a) Mecanismo de transmisión:

Para transmitir potencia mecánica del eje del motor (eje 1) al eje del husillo (eje 2) y adecuar la velocidad de subida y bajada de la cabina a las exigencias del proyecto, se colocan dos ruedas dentadas, Z1 y Z2 tal como muestra la figura.

Suponiendo que la velocidad de giro del motor (con reductora) es n = 600 vueltas por minuto, la velocidad del husillo n será:

$$N_1 \times Z_1 = N_2 \times Z_2$$

$$N_2 = n_1 \times Z_1 / Z_2 = 600 \times 38 / 30 = 760 \text{ rpm}$$

Por su parte, el avance de la tuerca (A), teniendo en cuenta que el husillo es de una única entrada, será:

A = paso x nº de entradas del husillo

A = p x e = 0,75 mm. x 1 entrada = 0,75 mm/vuelta

Finalmente, la velocidad de avance "V" de la cabina (tuerca) y el tiempo "t" empleado en recorrer dicha distancia (L) será:

$$V_A = A \times N_2$$

$$V_A = 0,75 \text{ mm/vuelta} \times 760 \text{ vueltas/min} =$$

$$560 \text{ mm/min} = 9,5 \text{ mm/s}$$

$$T = L / V_A = 285 \text{mm} / 9,5 \text{ mm/s} = 30 \text{ segundos}$$

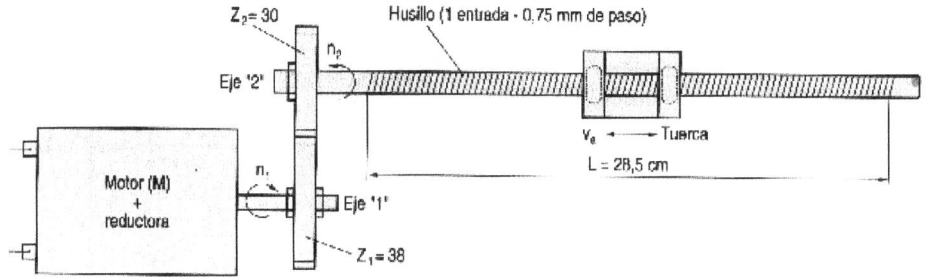

b) Circuito eléctrico:

En la figura se indica el circuito eléctrico a utilizar, en el cual se puede comprobar cómo al actuar sobre el pulsador de subida (P_A) el relé se activa y el motor comienza a girar en un sentido, subiendo entonces la cabina hasta que se accione el final de carrera de arriba (FC_A), momento en el cual el motor se parará.

Por el contrario, si se actúa sobre el pulsador de bajada (P_B), el relé se desactiva y los contactos vuelven a su posición de reposo, con lo cual el motor girará ahora en sentido contrario y la cabina bajará hasta que se accione el final de carrera de abajo (FC_B).

Para indicar el sentido de giro del motor o el de la cabina se colocan los diodos LED (de color verde y amarillo), estos irán conectados con una resistencia en serie de 330 ohmios, suponiendo que por ellos circula una corriente de 30 mA.

$$R= V - V_{LED} / I_{LEC} = 12 - 2 / 30 = 333 \text{ ohmios}$$

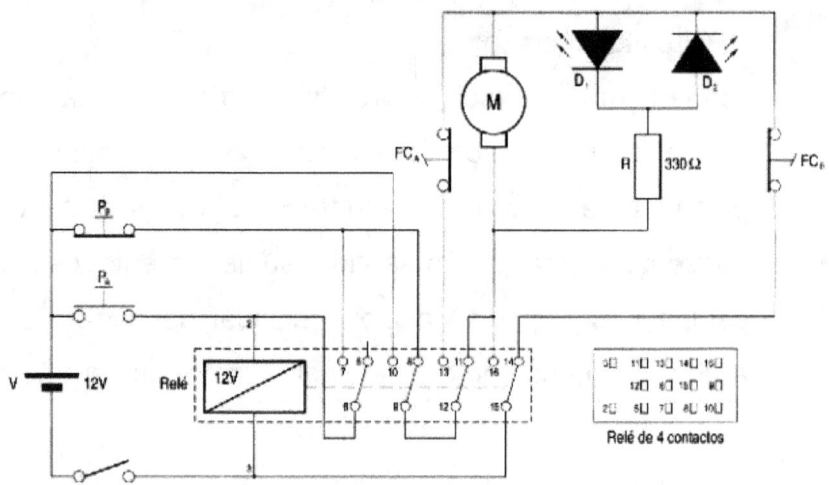

Soluciones posibles

a) Utilizando un sistema de husillo y tuerca accionada por un motor eléctrico (con reductora de velocidad) e incorporando otro tipo de mecanismo (rueda dentada) para ajustar la velocidad de subida o bajada de la escalera.

b) Utilizando un sistema de piñón-cremallera o piñón-cadena accionado por un motor eléctrico (con reductora de velocidad) e incorporando otro tipo de mecanismo (tornillo sin fin y ruedas dentadas) para ajustar la velocidad de subida o bajada de la escalera.

c) Neumáticamente, utilizando un cilindro de doble efecto y regulando la velocidad de subida o bajada de la escalera por medio de dos válvulas anti-retorno con estrangulación.

Elección de la solución (tabla de elección):

Solución	Operario 1	Operario 2	Operario 3	Operario 4	TOTAL
A	8	7	9	7	31
B	7	5	6	8	26
C	6	6	7	6	25

Una vez comentadas y debatidas cada una de las soluciones, el grupo ha optado por elegir la solución A "sistema de husillo y tuerca".

Planos

Croquis

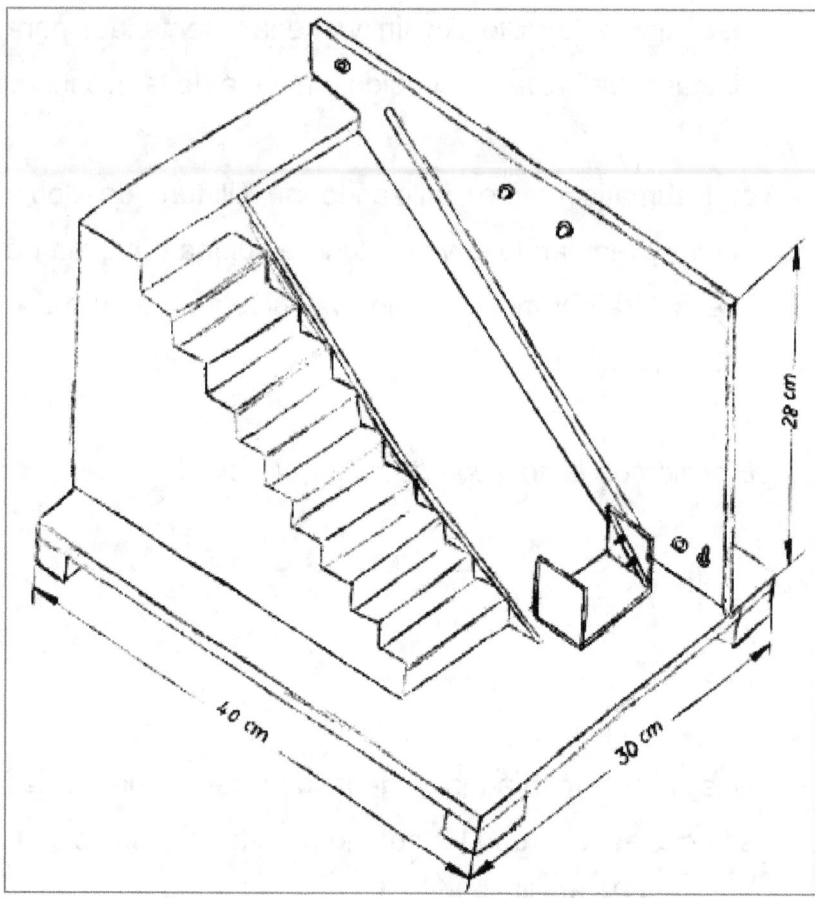

Perspectiva principal

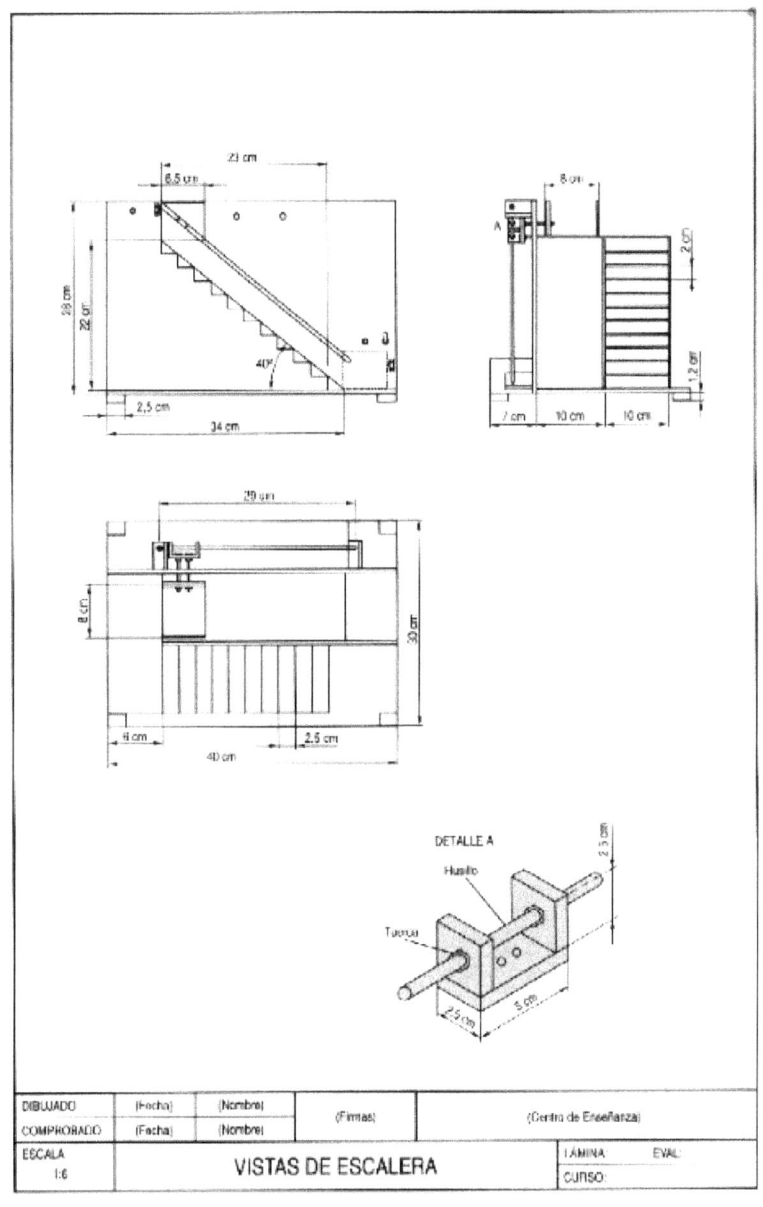

Vistas principales

217

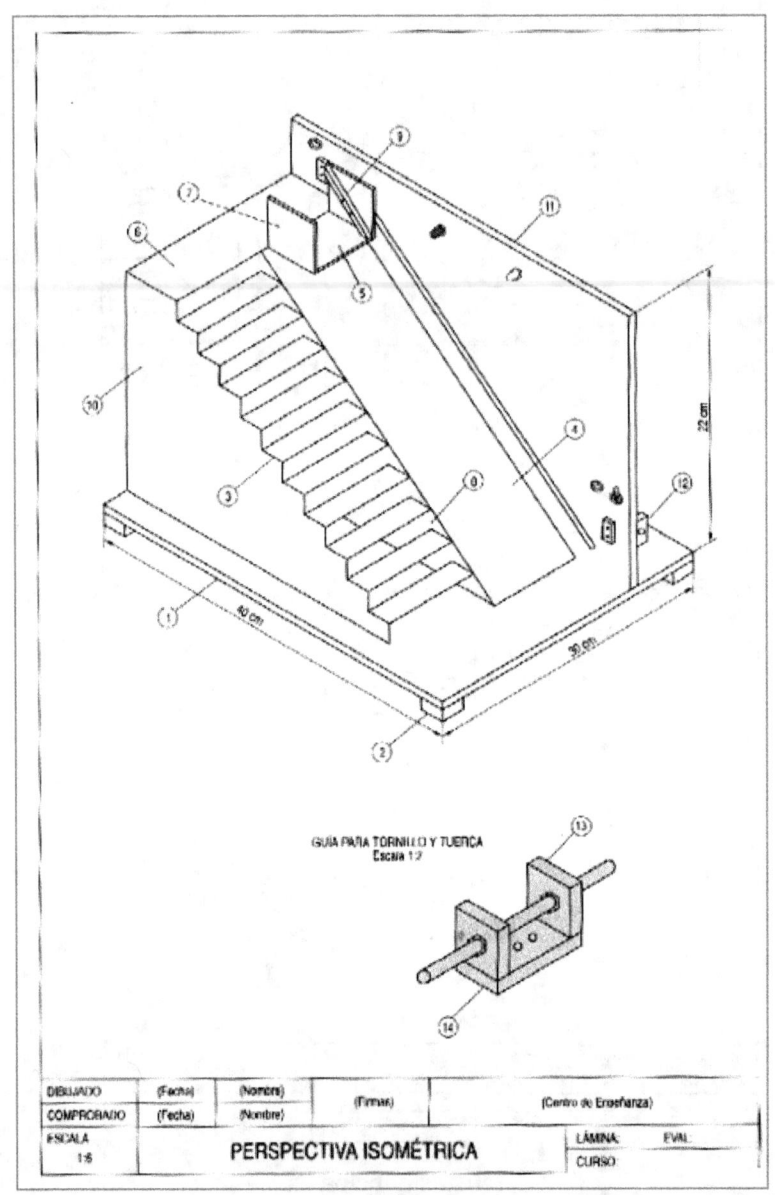

Perspectiva isométrica

LISTA DE MATERIALES

Nombre	Cantidad	Descripción	Dimensiones
Panel de madera	2	Contrachapada	40 x 40 x 0,7 cm
Panel de madera	2	Contrachapada	40 x 40 x 0,3 cm
Varilla roscada	1	Métrica 6 (M6)	40 cm de larga
Varilla roscada	1	Métrica 4 (M4)	20 cm de larga
Tuercas	6	Métrica 6 (M6)	
Tuercas	8	Métrica 4 (M4)	
Tornillos	2	Métrica 4 (M4)	1,5 cm de largo
Motor de c.c.	1	Con reductora	12 V - 2 W
Finales de carrera	2		1,9 x 1 x 0,5 cm
Pulsadores	2	NA y NC	
Ruedas dentadas	2	$Z_1 = 38$ y $Z_2 = 30$	3,14 mm de paso
Relé	1	4 contactos (circuitos)	12 V
Interruptor	1	Simple de palanca	
Placa de baquelita	1	Uniprint (paso 2,54 mm)	40 x 30 cm
Diodos LED	2	Amarillo y verde	2 V - 0,1 W
Cable flexible telefónica	3 m	Varios colores	Ø - 0,22 mm
Regleta de conexión	1	Dos terminales	
Resistencia	1		330 Ω - 0,25 W

		HOJA DE PROCESO			
Nº de pieza	Cantidad	Croquis	Útiles y herramientas	Operaciones	Tiempo estimado
1	1	30 cm / 40 cm / e (espesor) = 0,7 cm	Escuadra Sierra eléctrica Lima Lija de madera Pegamento termofusible	Marcar Cortar Limar Lijar Pegar	10'
2	4	2,5 cm / e = 1,2 cm	Escuadra Sierra eléctrica Lima Lija de madera Pegamento termofusible	Marcar Cortar Limar Lijar Pegar	10'
3	10	20 cm / 2,5 cm / e = 0,3 cm	Escuadra Sierra eléctrica Lima Lija de madera Pegamento termofusible	Marcar Cortar Limar Lijar Pegar	30'
4	1	30 cm / 10 cm / e = 0,3 cm	Escuadra Sierra eléctrica Lima Lija de madera Pegamento termofusible	Marcar Cortar Limar Lijar Pegar	5'
5	1	8 cm / 6,5 cm / e = 0,3 cm	Escuadra Sierra eléctrica Lima Lija de madera Pegamento termofusible	Marcar Cortar Limar Lijar Pegar	5'
6	1	20 cm / 8 cm / e = 0,3 cm	Escuadra Sierra eléctrica Lima Lija de madera Pegamento termofusible	Marcar Cortar Limar Lijar Pegar	5'
7	2	6,5 cm / 5 cm / e = 0,3 cm	Escuadra Sierra eléctrica Lima Lija de madera Pegamento termofusible	Marcar Cortar Limar Lijar Pegar	10'

HOJA DE PROCESO

N° de pieza	Cantidad	Croquis	Útiles y herramientas	Operaciones	Tiempo estimado
8	1	8 cm / 22 cm / e = 0.3 cm / 31.5 cm	Escuadra / Sierra eléctrica / Lima / Lija de madera / Pegamento termofusible	Marcar / Cortar / Limar / Lijar / Pegar	5'
9	1	8.8 cm / 7.4 cm / e = 0.7 cm	Escuadra / Sierra eléctrica / Lima / Lija de madera / Pegamento termofusible	Marcar / Cortar / Limar / Lijar / Pegar	5'
10	1	2.5 cm / 22 cm / e = 0.5 cm / 30 cm	Escuadra / Sierra eléctrica / Lima / Lija de madera / Pegamento termofusible	Marcar / Cortar / Limar / Lijar / Pegar	20'
11	1	25 cm / e = 0.5 cm / ø = 0.7 cm / 40 cm	Escuadra / Sierra eléctrica / Taladro / Lima / Lija de madera / Pegamento termofusible	Marcar / Cortar / Taladrar / Limar / Lijar / Pegar	20'
12	2	1.5 cm / ø = 3.5 cm / ø = 0.7 cm / 45 cm	Escuadra / Sierra eléctrica / Taladro / Lima / Lija de madera / Pegamento termofusible	Marcar / Cortar / Taladrar / Limar / Lijar / Pegar	5'
13	2	ø = 3.5 / e = 0.7 cm / 2.5 cm	Escuadra / Sierra eléctrica / Taladro / Lima / Lija de madera / Pegamento termofusible	Marcar / Cortar / Taladrar / Limar / Lijar / Pegar	10'
14	1	2.5 cm / e = 0.7 cm / 5 cm	Escuadra / Sierra eléctrica / Lima / Lija de madera / Pegamento termofusible	Marcar / Cortar / Limar / Lijar / Pegar	5'

PRESUPUESTO

Emitido por ....

Dirección ....

CIF o NIF .... Tel. ....

Cliente ....

Dirección ....

CIF o NIF .... Tel. ....

Nº de referencia ....

Fecha de pedido ....

Piezas y material mecánico

Cantidad	Descripción	Precio unitario	Precio total
2	Panel de madera contrachapada 40 x 30 cm (e = 0,3 cm)	200	400
2	Panel de madera contrachapada 40 x 30 cm (e = 0,7 cm)	250	500
1	Varilla roscada M6 (L = 40 cm)	200	200
1	Varilla roscada M4 (L = 40 cm)	150	150
6	Tuercas M6	20	120
8	Tuercas M4	15	120
2	Tornillos M4	25	50
2	Ruedas dentadas de 30 y 38 dientes	50	100
	Suma parcial de piezas y material mecánico		1.640 ptas.

Material eléctrico-electrónico

Cantidad	Descripción	Precio unitario	Precio total
1	Motor de c.c. con reductora (12 V - 2 W)	450	450
2	Finales de carrera	120	240
2	Pulsadores normalmente abiertos y normalmente cerrados	100	200
1	Relé de 12 V - 4 contactos (circuitos)	1.000	1.000
1	Interruptor	150	150
2	Diodos LED	10	20
1	Resistencia de 330 Ω (0,25 W)	5	5
1	Placa baquelita (4 x 3 cm)	150	150
1	Regleta de conexión	25	25
3 m	Cable flexible de colores (4 x 0,22 mm)	25	75
	Suma parcial de material eléctrico		2.315 ptas.

Memoria

Modificaciones

El diseño elegido cumple perfectamente todas las condiciones propuestas y no hemos tenido que realizar ninguna modificación importante, exceptuando la sujeción del motor que ha sido mejorada, porque en un principio el motor no quedaba bien sujeto y no transmitía bien el movimiento al engranaje conducido.

Dificultades

Hemos tenido dificultad para encontrar una varilla roscada en perfectas condiciones y la tuerca roscara sin ninguna dificultad, a lo lardo de todo el recorrido. En el diseño nos ha sido difícil concretar las medidas reales de la maqueta para que cumpliese las condiciones iniciales, pues nos resulta difícil el diseñar algo sin verlo con antelación.

Glosario de términos

Accesorios: Son los elementos o herramientas auxiliares que tienen las máquinas, con los cuales podemos realizar trabajos específicos o complementarios, que en condiciones normales son difíciles de realizar.

Aguilón: Brazo de grúa.

Altura de descarga: Máxima altura a la que una cuchara de máquina cargadora puede verter su contenido de tierra u otros materiales.

Antena: Varilla metálica o cable adaptados para captar o emitir ondas electromagnéticas.

Articulado: Vehículo formado por dos partes enlazadas entre sí. La parte destinada a motor y cabina puede separarse de la caja o remolque, la cual, una vez enganchada, tiene cierta independencia de giro con respecto a la parte tractora.

Azada mecánica: Pequeña cuchara excavadora para abrir zanjas.

Batería solar: Dispositivo en forma de disco, que transforma la energía luminosa solar en corriente eléctrica, para impulsar, por ejemplo, vehículos lunares como el "Lunajod".

Brazo: Larga barra móvil de una máquina, como el de la excavadora.

Caballo de fuerza (o de vapor), (Abreviatura: CV, o HP) Unidad de potencia: la necesaria para realizar un trabajo de 75 kilográmetros en un segundo. Esto significa que un motor de "un caballo" puede levantar, teóricamente, un peso de 75 kg a un metro de altura y en un segundo. También equivale a 736 vatios eléctricos.

Cabina: Parte de una máquina o vehículo, generalmente cerrada, donde el conductor u operario maneja los mandos.

Cable tractor: Cable grueso, normalmente fabricado con hilos de acero entretejido, y excepcionalmente resistente. Se lo emplea en grúas y excavadoras de arrastre.

Caja: Parte de un vehículo destinada a la carga.

Calibración: Conjunto de operaciones que establecen, bajo condiciones especificadas, la relación entre los valores de magnitudes indicadas por un instrumento o sistema de medición, o valores representados por una medida materializada o un material de referencia y los correspondientes valores aportados por patrones.

Camión: Vehículo pesado, destinado al transporte de mercancías u otros materiales por carretera.

Carga máxima: Peso de la carga transportada por un vehículo. Este término no incluye el peso del propio vehículo.

Certificado de calibración: Es el documento que nos permite conocer completamente la desviación de los equipos de medida, permitiendo una adecuada trazabilidad de las mediciones.

Contaminante superficial: Sustancia o elemento depositado sobre la pieza a tratar que impida o interfiera la adhesión de la película protectora que proporciona el tratamiento superficial (óxido, pintura, grasa u otros).

Cuchara cavadora: Recipiente unido al extremo del brazo de una excavadora, y empleado para cavar y recoger del suelo escombros, tierra y otros materiales. Se lo emplea a menudo para practicar zanjas y trincheras.

Cuchara de arrastre: Se emplea en explotaciones mineras a roza abierta. Consiste en una gran cuchara cavadora con borde dentado, a la que se arrastra sobre el suelo para recoger así el material extraído.

Chasis: Armazón provisto de ruedas, sobre el que puede montarse gran diversidad de estructuras fijas o móviles.

Depósito móvil: Recipiente empleado para contener escombros y materiales de desecho de obras de construcción. Es transportable en camiones, y puede ser cargado y descargado por dichos vehículos, así como volcado mediante mecanismos generalmente hidráulicos, para vaciarlo por completo.

Diésel (Motor): Fue inventado por el ingeniero alemán Rudolf Diésel. Es un motor de combustión interna, que consume gasoil en vez de gasolina. Resulta más económico que el convencional. La mezcla carburante no se enciende por medio de chispa de bujía, sino por el calor producido al ser comprimida en el cilindro.

Documentación técnica: Información detallada tanto gráfica como escrita sobre materiales, equipos, herramientas, instalaciones, entre otros.

Elementos de transporte y elevación: Equipos utilizados para mover cargas pesadas o peligrosas, como pueden ser los puentes-grúas, carretillas, plataformas elevadoras, etc.

EPIS o Equipos de protección individual: Equipos destinados a ser llevados o sujetados por el trabajador para que le proteja de uno o varios riesgos que puedan afectar su seguridad o su salud, así como cualquier complemento o accesorio destinado a tal fin.

Escorias: Desperdicios fríos o calientes, producidos en las minas, fundiciones, altos hornos, etc.

Especificaciones técnicas del proceso: Documentos que definen las normas, exigencias y procedimientos que deben ser empleados y aplicados en los procesos.

Especificaciones técnicas del producto: Documento en el cual se da una descripción detallada de las características o condiciones mínimas con las que debe cumplir el producto a fabricar.

Excavadora: Máquina destinada a excavar, realizar desmontes o remover tierra u otros materiales.

Excavadora / Cargadora: Máquina de doble función, muy empleada en obras de edificación y en construcción de carreteras. Se utiliza tanto para excavar como para cargar camiones y vagonetas con productos de excavación.

Ficha de productos: documentos suministrados por los fabricantes que recogen información sobre los productos, en lo referente a propiedades, datos técnicos, usos, aplicación, entre otros.

Gato: Máquina para levantar en parte o totalmente un vehículo a poca altura. Puede ser manual, mecánico o hidráulico.

Hidráulicos (Sistemas): Son muy empleados en maquinaria de construcción, para dotar de movimiento a aparatos elevadores o excavadores, y se utilizan normalmente en mecanismos de frenado. La energía hidráulica proviene de la presión que por medio de una bomba mecánica se ejerce sobre agua o aceite contenidos en finas tuberías que forman circuitos cerrados.

Hormigón: Mezcla de grava, arena, cemento yagua en cantidad adecuada para darle consistencia semifluida, que se vierte en moldes y encofrados donde solidifica. Se emplea ampliamente en la construcción de cimientos, suelos y paredes, y puede ser reforzado mediante adición de armaduras de varillas de acero, de donde proviene el término "hormigón armado".

Láser: (Voz formada con las iniciales de su denominación en inglés: "Light Amplification by Stimulated Emission of Radiation"). Dispositivo que mediante un fenómeno de emisión estimulada produce un haz luminoso monocromático y coherente de gran energía. Se utiliza en la industria por su impresionante poder cortador de metales y muchos otros materiales; y también en la exploración espacial, porque al ser sus rayos prácticamente paralelos, su intensidad luminosa no decrece apenas con la distancia.

Locomotora: Este término se aplica a una máquina que arrastra vagones de pasajeros de carga sobre una vía férrea.

Mantenimiento de primer nivel: mantenimiento que el operario puede hacer en el entorno de su puesto de trabajo (máquina y su entorno), como pueden ser tareas de limpieza, cambio de elementos dañados, entre otros.

Material base: Material del cual está constituido la pieza a tratar.

Motor de combustión interna: La transformación de energía calorífica de energía de presión se verifica en el interior del motor mediante la explosión de la mezcla carburante en uno o más cilindros, por los que corren los pistones. El alternativo movimiento de estos últimos produce el giro de un eje, que a su vez lo transmite a las ruedas del vehículo.

Motor de turbina de gas: Con este tipo de motor, el movimiento se obtiene por medio de la alta presión ejercida por un gas sobre las curvas paletas de un eje encerrado en un tambor. El rápido giro del eje proporciona fuerza motriz.

Neumáticos a baja presión: Se trata de grandes ruedas neumáticas, o de cilindros de goma en forma de tambor, inflados con baja presión a fin de obtener amplia y ligera superficie de rodadura sobre suelos pocos consistentes.

Orugas: Llantas articuladas a modo de cadenas sin fin, y provistas de uñas metálicas, al igual que las de un tanque de guerra. Están destinadas a proporcionar el máximo agarre al vehículo que las usa en terrenos blandos o abruptos.

Pallet: Especie de bandeja, por lo común de madera, provista de listones paralelos en su parte inferior. Las barras de la horquilla de una carretilla elevadora se introducen en los espacios entre listones, para levantar el soporte ya cargado y colocarlo en estancias, o para retirarlo de la pila y llevarlo a otro sitio.

Parámetros de operación: son variables a regular para conseguir unas determinadas condiciones de trabajo, como la concentración, temperatura, tiempos de permanencia, entre otros.

Parámetros del proceso: Variables del proceso determinantes para conseguir las características finales del tratamiento a realizar, como la temperatura, viscosidad, tiempos, etc.

Parámetros de trabajo: Variables a regular para conseguir unas determinadas condiciones de trabajo, como la presión, diámetros de boquilla, etc.

PLC o controlador lógico programable: dispositivo de control electrónico con entradas de sensores o accionamientos y salidas de control de actuadores que se programan con lenguajes específicos.

Plataforma rodante: Plataforma de baja altura remolcada por un vehículo, y normalmente destinada al transporte de maquinaria pesada u otros vehículos.

Procedimientos de limpieza: Documentos que recogen una serie de pasos definidos, que permiten realizar la limpieza de las piezas de la forma correcta.

Puntales: Se trata de dos, cuatro, ya veces hasta de seis barras, que a modo de puntales se extienden desde ambos lados de un vehículo, para afianzarlo firmemente cuando la máquina en montada va a funcionar.

Radio de acción: de giro lateral de una máquina montada en vehículo, con respecto a su posición Término generalmente aplicado a brazos de grúas y excavadoras. Esta condición permite a los brazos un movimiento de giro sobre su propio eje vertical para que se muevan las ruedas u orugas del vehículo.

Regulación y puesta a punto: Ajustar y preparar una máquina para que presente unas condiciones óptimas de uso.

Rodadura: Tratándose de ruedas o cubiertas, la banda de rodadura es la parte en contacto con a suelo. Las dimensiones de esta banda tienen relación con la determinación de la presión de rueda sobre el terreno.

Roza abierta: Trabajo de minería efectuado cerca de la superficie. Empléanse en ese laboreo potentes máquinas llamadas "rozadoras", para arrancar en rocas blancas mediante cortes (o rozas, verticales u horizontales, importantes masas de mineral.

Suspensión: Sistema, generalmente hidráulico, que sirve de enlace elástico entre el bastidor de un vehículo y sus ruedas, para impedir que la trepidación de estas últimas., provocada por irregularidades del terreno, se transmita bruscamente a los ocupantes, o carga, y asegurar así una marcha suave y uniforme.

Tractor: Este término no sólo designa vehículos para labores agrícolas, sino también al conjunto de cabina y unidad motriz de un camión articulado, al que va enganchado el remolque.

Transportador: Mecanismo destinado al transporte continuo mediante cinta o cadena sin fin Se lo emplea corrientemente en las minas, para sacar minerales de área de labor.

Utillaje de amarre: Accesorio que se utiliza para sujetar las piezas durante la ejecución de los trabajos.

Vagoneta: Baja vagoneta con dos o más pares de ruedas, remolcable por locomotora O tractor, como plataforma soporte de rodaje.

Velocidad de elevación y descenso: Tiempo empleado por una grúa o máquina elevadora, para una carga a la máxima altura posible, o para bajarla al suelo.

Verificación: confirmación mediante una evidencia objetiva de que un producto o proceso tiene la capacidad para alcanzar su uso o aplicación prevista. En el caso concreto de esta guía se verifican equipos e instalaciones de tratamientos superficiales, equipos e instrumentos para el control de parámetros de trabajo y parámetros de procesos.

Volada de grúa: Prolongación añadida al aguilón de una grúa.

Volquete: Camión o vehículo especialmente diseñado para el acarreo de escombros, piedras, tierra y otros materiales de desecho.

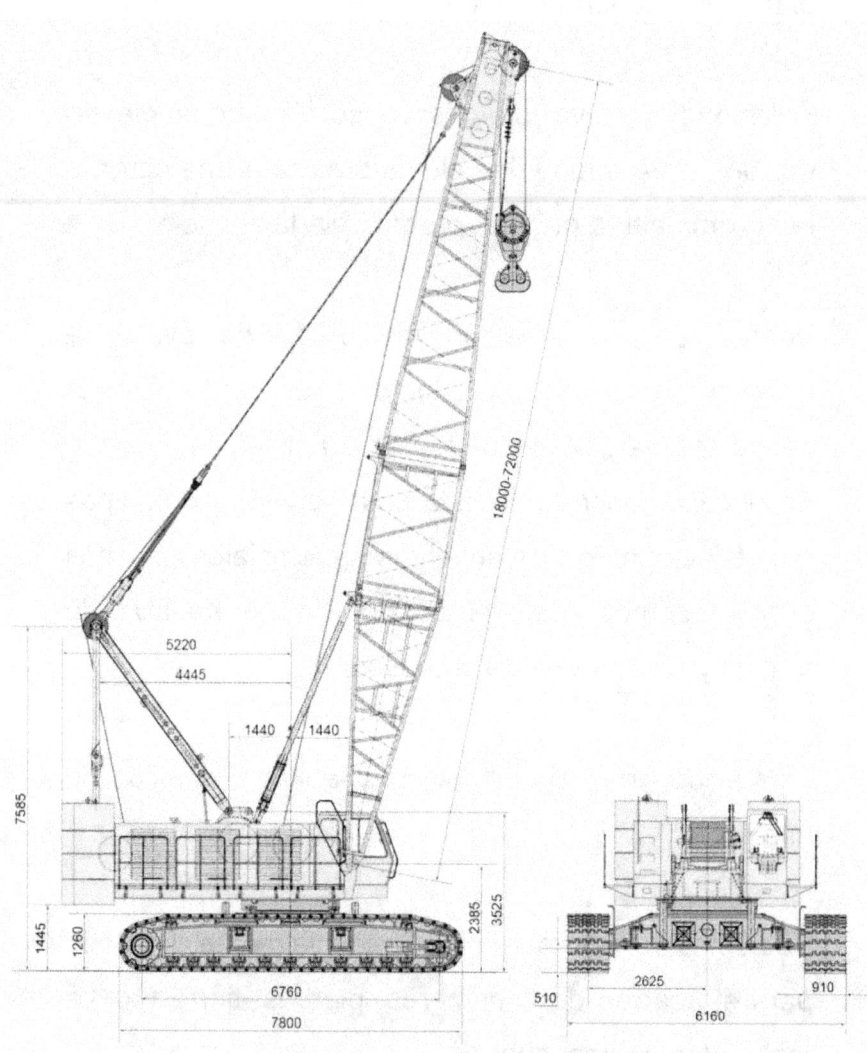

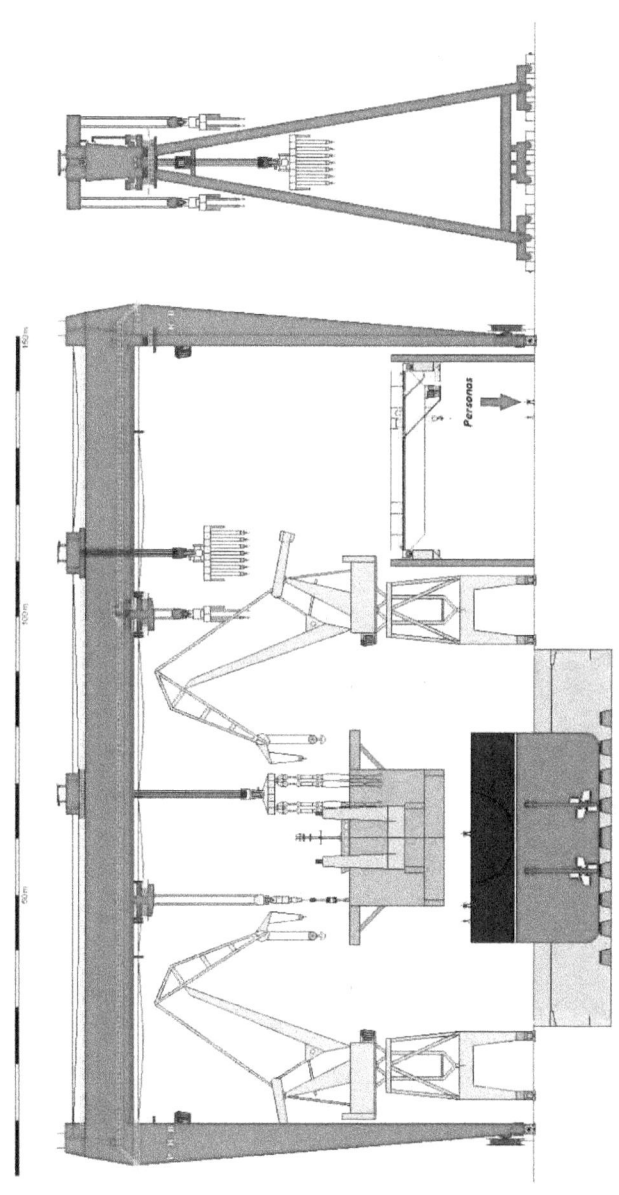

Bibliografía

Aparatos de elevación y transporte. Autor: Hellmut Ernst.

Máquinas de transporte. Autor: N.P. Waganoff.

Aparatos y máquinas de elevación y transporte. Autor: M. Alexandrov.

Técnicas de Mecanizado. Ing. Miguel D'Addario.

Diseño industrial. Ing. Miguel D'Addario.

Manual del constructor de máquinas. H. Dubbel.

Manual universal de la técnica mecánica. Autores. Oberg - Jones.

Cálculo de elementos de máquinas. Autores: Vallance Doughtie.

Transporte vertical. Autores: Miravete - Larrodé.

Roa A. Cintas transportadoras.

A. Miravete. Elevadores: principios e innovaciones.

Hay, W. Ingeniería del Transporte.

Hellmut, E. Aparatos de Elevación y Transporte.

Baumeister. Manual del Ingeniero Mecánico.

Carolla. Prácticas de automatismo.

Catálogos de fabricantes. TDIN – TFG. Minería y elevación.

De Festo, M. Hidráulica para profesionales.

Faires V. M. Diseño de elementos de máquinas.

Hall, Holowenko, Laughli. Diseño de máquinas.

Martí Parera, A: Frenos ABS.

Orlov, O. Ingeniería de Diseño.

Reglamento sobre Sistema de elevación y transporte, Ed. Ministerio de Industria.

Reshetov, D. Elementos de máquinas.

Shigley. Diseño en Ingeniería Mecánica.

Varios. La escuela del técnico mecánico.

Máquinas de
Elevación y Transporte
Equipos, componentes, cálculos y proyectos

Ing. Miguel D'Addario

Primera edición
Comunidad Europea
2018

9 781984 269034